役に立ち、
美しい

はじめての
Imaginary Number
虚数

蔵本 貴文
Takafumi Kuramoto

はじめに

虚数は、役に立つし、確かに存在するし、人をひきつける大いなる魅力を持っています。

まず虚数は役に立ちます。虚数抜きでは、スマホも動かないし、自動車を効率よく動かすこともできないでしょう。そんな力が虚数に秘められています。

そして、虚数は確かに存在しています。というか存在させられると言った方が正しいかもしれません。「虚」とはウソという意味も含みますが、虚数が存在しないわけではありません。

最後に、虚数は魅力的です。虚数は「虚」という文字がついているし、何かミステリアスな雰囲気も持っています。数学というと無味乾燥なイメージを持たれる方も多いでしょうが、虚数は人をひきつける魅力があります。実際、虚数の世界は本当に奥が深く、数学の美しさがはっきり表われている分野です。

そして、一つ付け加えることが……。虚数を学ぶことにより、数学全体に対する理解を深めることができます。虚数をしっかり学べば、例えばベクトル、行列、微積分など、数学の他の分野へも展開できる考え方を身につけられるのです。

もともと虚数は純粋に数学者の好奇心から生まれました。最初はそんなものには意味はないと思われていましたが、後の研究により深遠な世界が広がっていることがわかり、さらにそれが役に立つことが示されたのです。

この本は虚数を学ぶための本です。ですから、この本を読むと、虚数というミステリアスなものの正体を明かすことにより好奇心を満たせます。そして、数学全体への理解を深めることができます。まさに一挙両得というわけです。

しかも、この本は一部の数学が得意な人にだけ向けた本ではありません。

申し遅れました。私は蔵本貴文と申します。本書は数学の本ですが、私は数学の専門家ではありません。

しかし、私はこの虚数の本を書くに値すると確信しています。なぜなら、私は虚数を「使っている」からです。

私は半導体のエンジニアで、専門領域は素子の特性を数式で表わす「モデリング」という仕事になります。微積分や行列、ベクトル、そしてこの本のテーマである虚数と、高等数学を駆使する仕事なのです。

ですから、虚数とは日常的に接する立場にいます。

いったん職場である実験室にある専門のソフトを組み込んだコンピュータの前に立てば、出てくる数字の半分ほどは虚数（複素数）です。これらを使いこなせないと話になりません。

研究者ではなく、まさに「使う人」というわけです。

経済学で言えば、大学で文献や数式を見ながら論文を書いている教授と、会社で実際の数字を見ながら利益を増やそうと汗をかいている経営者のような違いがあるでしょう。もちろん私は後者です。

　数学が難しいのはその抽象性と厳密性にあると考えています。私の数学は身体で覚えたものですから、数学の先生から見れば厳密でないこともあるかもしれません。
　しかし、数学の研究者を目指そう、というような人でもない限り、私のような少しラフな視点の方が、役に立てることも多いのかなと考えています。

　この本の執筆の依頼を頂いて、虚数の本を読み漁りました。多くは数学の研究者による本で、自然数、整数、有理数、実数の拡張から複素数、すなわち虚数へのアプローチをしていました。また、方程式の解としての虚数にも重点が置かれています。
　一方、科学や技術の世界への応用については「虚数は電気や物理などの分野で必要不可欠となっている」などと付け加えるように書かれている他は、特に詳細な記述は無いものがほとんどです。

　そこで私は考えました。
　「世の中には虚数を使う、という観点の本は少ないのではないか」と。

　一方、電子工学や制御工学、理論物理の教科書を読むと、虚数は当たり前のように登場します。しかし、その中では虚数はただの道具であり、焦点がそこに合うことはありません。
　だから虚数を主役にしながら、「使う」「役に立つ」ということにもフォーカスすれば、世の中に役に立つ、そして面白い本ができるのではないかと考えたのです。

そこで、虚数がなぜ役に立つのか？　どのような意味があるのか？　について、ひたすら考えてみました。すると、その答えらしきものが見えてきたのです。

なぜ虚数が役に立つのか？　その理由は「虚数で波をうまく表現することができる」、「虚数で次元を拡張することができる」そして、「虚数は美しい数である」の３つに集約されました。最後の「美しい数」は数学の学問としての理由ではありますが、その意味でも虚数は立派に役に立ってくれています。

そこで、本書ではこの３つ、波、次元、美という観点から、虚数の構造と意味を語っていきたいと思います。

読者の方も色々なレベルの方がいらっしゃると思うので、前の章ほどなるべく数学の知識が無くても読めるようにして、数式を含んだ難度が高い項目は後の章に回しました。ですから数式が苦手であっても、読めるところまで読めば、それなりに得ることがあると確信しています。

さあ、深く便利で楽しい虚数の世界へようこそ。

まずは波、次元、美というキーワードを中心に、虚数の姿を描いていくことから始めたいと思います。１章へ進んでください。

本書の読み方

本書の構成は以下のようになっています。

基本的に最初ほど易しく、だんだん難しい内容になっています。ただ、序盤でも内容としては高度なものもあります。しかしながら、深い理解ができなくても、虚数がどのように役立っているのか雰囲気をつかんでいただけるように構成しています。

多少引っかかるところがあっても、一か所に留まらずに、どんどん読み進めていただいた方がよいと思います。４章以降は３章の高校レベルの三角関数、指数関数、微積分の知識が必要になりますが、それを除いて前の章の理解を前提とはしていません。

本書は７章構成になっており、以下に各章の狙いを記します。

第１章　なぜ存在しないはずの虚数が役に立つのか

➡ここでは世の中で虚数がどのように役立っているのかについて説明します。数とは何かから始まり、虚数で波や次元を表わせることを説明します。

第２章　虚数は何の役に立っているのか？

➡この章では虚数が世の中で役立っている事例をたくさん紹介しています。「波」や「次元」を表わすために虚数が使われていることがわかるでしょう。

第３章　虚数を学ぶための基礎

➡ここでは虚数や複素数に対する高校レベルの知識を復習しています。

また三角関数や指数・対数関数、微積分についても、最低限の知識を解説しました。

第４章　虚数で波を表わせる

➡虚数で三角関数と指数関数をつなげるオイラーの公式に始まり、フーリエ変換とその応用、シュレーディンガーの波動方程式を説明します。虚数は波と深く関わっていることを感じていただけるでしょう。

第５章　虚数は次元の違う数

➡ここでは虚数の次元を増やす働きを深く説明します。平面だけでなく、3次元を表現できる四元数について詳しく説明します。それから、さらに次元を増やした八元数と制御理論に関わるラプラス変換の説明をします。

第６章　虚数の美しさとは何だろう

➡ここでは「役に立つ」から少し離れ、数学の「美」をお伝えします。数学界で一番美しいと呼ばれるオイラーの等式に始まり、複素数の性質からくる美しさをお伝えします。数学における「美」とは何か、感じていただけるでしょう。

第７章　複素関数の世界

➡大学の低学年で学ぶ複素関数論について説明しています。複素関数について深く知りたい方は読んでみてください。複素関数の一つの目的である留数定理までご案内します。理系の高校生であれば理解できる内容に落とし込みました。

本書は次の３つのタイプの読者を想定しています。それぞれの方について、本書をどのように読めばよいのかお伝えしておきたいと思います。

①虚数と言われても高校で習った記憶くらいしかない方、「虚数」が何なのか知りたくて本書を手に取られた方

②数学の授業をより理解する目的で、予習・復習・教科書の補助教材として手に取られた学生の方

③数学をより深く理解したい数学が得意な方、または数学をわかりやすく伝えたくて手に取られた数学の教員の方

①虚数と言われても高校で習った記憶くらいしかない方、「虚数」が何なのか知りたくて本書を手に取られた方

あなたは自分は数学が得意ではないと思っているのかもしれません。しかし、保証します。あなたには才能があります。なぜなら、本書を読んでいただいているからです。

本書の主目的は「虚数がどのように使われているか」を理解していただくことです。ただし虚数が使われる現象は、物理的に難しいものも含むので、本気で理解しようとすると大変かもしれません。

でも安心してください。難解な物理現象が理解できなくても、虚数が役に立つ雰囲気は感じていただけるように構成しています。引っかかるところがあっても、どんどん先を読み進めていただければ、と思います。

１章を読んでいただき、２章を「見て」いただければ、虚数がどのように世の中で役立っているのか、感じていただけると思います。その後、興味のレベルによって、後の章を読んでください。繰り返しますが、わからないところがあっても気にせずに、どんどん進んでください。

②数学の授業をより理解する目的で、予習や復習、教科書の補助教材として手に取られた学生の方

あなたはある程度、数学の問題を解くことはできるのですが、それがどんな意味があるのかわからない、という方だと推測しています。

そんな方はまず１、２章を読んでみてください。すると虚数の意味がクリアになってくると思います。そして３章で基礎を軽く復習して、４～６章に進んでください。少し高度な内容も含むので、ひっかかるところは飛ばしても大丈夫です。逆に、深い興味が出たところは、本書の説明では不十分な場合もあるでしょう。その時は、他の書籍や資料で学んでいただければ、と思います。

大学生であれば、７章をしっかり読んでみてください。複素関数論の目的の一つである留数定理までの流れを一直線に示しています。これを読んだ後だと、大学の講義の理解もだいぶ楽になるものと思います。

③数学をより深く理解したい数学が得意な方、または数学をわかりやすく伝えたくて手に取られた数学の教員の方

「はじめに」で説明した通り、私は数学を使うエンジニアであって、数学の専門家ではありません。そのため、数学的には厳密でなかったり、乱暴だったりする部分も目につくかもしれません。しかし、そんな数学観もあるのだと、楽しんでいただけますと幸いです。

虚数は世の中でとても役立っているものではありますが、その表わす物理現象には難解なものが多いところが悩みどころです。本書ではそれを「波」「次元」「美」という３つのキーワードでまとめてみました。このアイデアは数学を教える立場の方にも役立つものと考えています。

参考文献（さらに進んで勉強したい人のために）

本書は雰囲気をつかんでいただくことを優先しているため、あまり細部には踏み込んでいません。内容に興味を持たれた方は、ここで示すような本を参考に勉強してみてください。

理工系の大学生であれば、学校で使っている数学の教科書を使ってください。それ以外の方について、私がおすすめする本を紹介します。どれも本書のレベルを少し超えるくらいで、理解しやすい本を選んでいます。

また、携帯電話の通信方式や３Ｄグラフィックスの回転など、個別の技術については、書籍よりもネットで情報を探された方が便利と思います。

三角関数、指数関数、微積分は虚数を学ぶ上で重要です。手元にあれば、まずは高校理系レベルの教科書や参考書で勉強してください。教科書の理解を助けてくれる参考書として、次の本をおすすめします。

- 岡部恒治、本丸諒『まずはこの一冊から 意味がわかる微分・積分』（ベレ出版）
- 蔵本『意味と構造がわかる はじめての微分積分』（ベレ出版）

本書における大学数学の分野、多変数関数の微分や複素関数においては、大学の教科書の他、下記の本で概要をつかまれることをおすすめします。

- 蔵本『解析学図鑑』（オーム社）
- 蔵本『高校数学からのギャップを埋める 大学数学入門』（技術評論社）

四元数、八元数に関しては、松岡学『数の世界』（講談社ブルーバックス）が複素数からの数の拡張の流れをコンパクトにまとめています。特に四元数の応用について学びたい方は、矢野忠『四元数の発見』（海鳴社）がおすすめです。

量子力学に関しては、高度な数学を扱う難解なものと初心者向けの数式を省いた基礎的なものにはっきり分かれがちで、本書の読者に丁度よい本はなかなか少ないのが現状です。その中でも比較的わかりやすく、量子力学の物理や数学について解説している本として、近藤龍一『12歳の少年が書いた 量子力学の教科書』（ベレ出版）をおすすめします。

INDEX

目次

KYOSU FUKUSOSU

なぜ存在しないはずの虚数が役に立つのか?

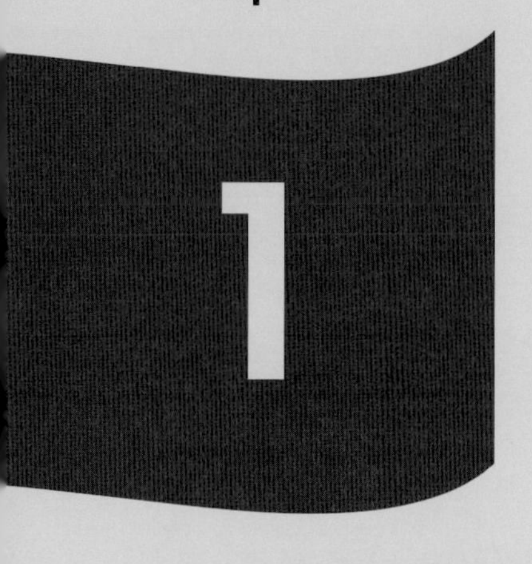

Chapter 1

「虚数とは何ですか？」と聞かれると、多くの人が「$i^2=-1$」つまり、「２乗して、-1になる数」と答えるのではないでしょうか？

でも、中学校では、正の数を２乗すると正の数になり、負の数を２乗しても正の数になると教えられます。つまり、２乗して負になる数など想像もつきません。

だから「虚数が世の中で役に立っている」って言われても、「存在しない数が何で役に立つの？」となってしまうと思います。

本章では、この疑問を解決することから始めたいと思います。

虚数を役に立たせるためには

現在の数学のカリキュラムにおいて、虚数との最初の出会いは2次方程式の虚数解になります。

例えば、カルダノの問題と呼ばれる、次のような問題です。

> ある長方形があります。この縦と横の辺の和は10mで面積は24m^{2}になります。縦と横の辺の長さは何mになるでしょう？

縦の辺の長さをx（m）とすると、横の辺の長さは$10-x$（m）となるので、面積は $x(10-x)$（m^2）となります。

ですから、$x(10-x)=24$という方程式が立てられ、これを解くと$x=4$, 6という解が得られます。つまり、答えはそれぞれの辺を4mと6mにした長方形ということになります。

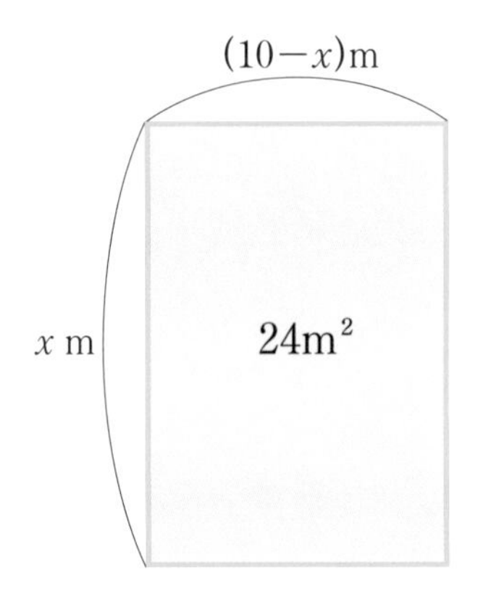

$$x(10-x)=24$$
$$10x-x^2=24$$
$$x^2-10x+24=0$$
$$(x-6)(x-4)=0$$
$$x=4,\ 6$$

この問題はきれいに解けてしまいます。そこで次は、縦と横の辺の和はそのまま10mにして、面積が41m^{2}となる場合を考えてみましょう。

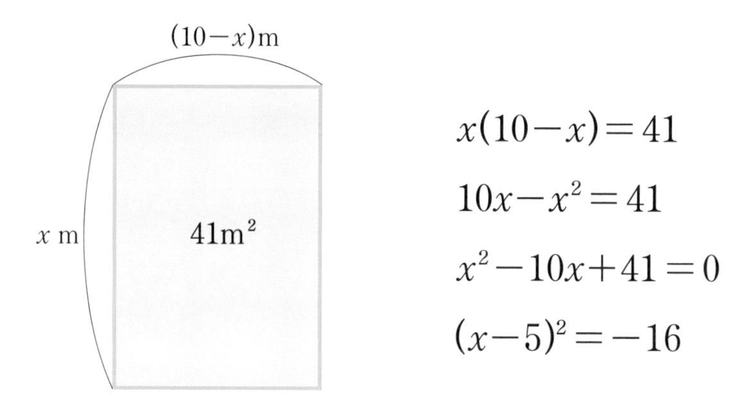

ここでつまってしまいます。$(x-5)^2$は$x-5$を2乗した数ですから、正になります。それが-16、つまり負の数になることなんてあり得ないわけです。だから、この方程式の解はありません。こんな長方形はないとわかるだけです。

しかし、この方程式を解くミラクルを考えます。ここで$i^2=-1$を満たすi、つまり虚数を考えます。その場合$x=5\pm4i$とすると、この方程式が解けてしまうのです。実際、下のようにこのxは、与えられた方程式を確かに満たします。

$x=5+4i$ **とすると**

$$
\begin{aligned}
(x-5)^2 &= (4i)^2 \\
&= 4^2\times(i)^2 \\
&= 16\times(-1) \\
&= -16
\end{aligned}
$$

このように$i^2=-1$となる虚数を考えると、$x=5\pm4i$という解が現れます。つまり、この方程式が解けてしまうわけです。しかし実世界ではミラクルはおきません。なぜなら、辺の長さを虚数にすることなんてできないからです。

数学の本を読むと、虚数の登場により「今まで解けなかった方程式が解けるようになった」と、あたかも凄い成果のように書いてあります。

でも、虚数の辺の長方形なんて存在しません。数学の世界で方程式が解けたとしても、実世界で言えることは「それは不可能である」ということだけです。

こんな2次方程式が多くの人にとって最初の虚数との出会いとなるはずです。でも、こんな姿を最初に見せられては「虚数なんて意味がない」と思ってしまうのは当然だと思います。

しかし、そんなことはありません。実際に虚数は世の中で役に立っています。それはなぜなのでしょう？

結論からいうと、「数を役に立てる」ということの解釈が少し間違えているからです。数字はそれ自体に意味があるわけではありません。

意味を持たせるためには、数字を実世界に対応させてやる必要があるのです。その対応がわかりにくいのが、「虚数は役に立たない」と思ってしまう理由なのでしょう。

例えば3という数自体には意味はありません。その意味がない3という数字に対して、3個のリンゴであるとか、3 kmという距離だとか、3℃という温度を当てはめて、初めて意味が出てくるものなのです。

これだけではピンとこないでしょうから、もう少し詳しく説明します。虚数には意味が無いとして、それでは今まで使ってきた実数には果たして意味があるのでしょうか？

机の上に3個のリンゴがあったとします。ここから7個のリンゴを取ると残るのは何個でしょうか？

数学としては3−7＝−4という数字が出てきます。だから −4個のリンゴが机の上に残るというのでしょうか？　この場合負の数には意味はありません。ただ3個のリンゴからは7個取ることはできないという事実が現れるだけです。

しかしながら、−4が冷蔵庫の温度だったと考えてみましょう。もともと3℃の温度であったところを7℃下げて −4℃になった。この結果には立派な意味があります。

正の数に限定するとして、小数だって同じことです。

例えば、1台に4人乗れるタクシーがあります。14人の人が乗るには何台のタクシーが必要でしょうか？　これを計算すると14÷4で3.5という数字が出てきます。

しかし、この小数の数字には何の意味があるというのでしょうか？　タクシーを半分に割って、2人運んでもらうことなんてできないのですから、この小数部には意味がありません。ただ、4台のタクシーが必要だとわかるだけです。

一方、14リットルの水を4人で分け合うという場合は、14÷4で3.5、一人あたり3.5リットルの水を得られるという意味があります。

虚数の場合も同じです。虚数自体に意味があるかどうかという議論ではなくて、虚数に何の意味を与えるのか？　という視点が重要になってくるわけです。

世の中で虚数が役に立てている例として「波」があります。

実は波は海の波だけではありません。世の中の至るところで見られるものです。音も波ですから、波は音響技術に深く関わっています。そして光も波、そして携帯電話が通信するために使われている電波も波です。だから通信技術は虚数なしでは発展できなかったでしょう。さらに、先端の物理学である量子力学は、「全ての物体は波である」という理論なのです。

この波を数式で表わす時に、虚数が使われます。虚数を使うことにより「波の振幅と位相を同時に表わす」ことができるようになるからです。

さらに、虚数を使って直線から平面、つまり「次元」の高い事象を表わすことができます。ここでは実数部に横の長さ、虚数部に縦の長さを割り当てることにより意味を持たせています。

これだけではピンとこないかもしれませんが、虚数はコンピュータグラフィックスに欠かせないもので、臨場感のある3Dのゲームも、3Dグラフィックスを多用したアニメーションも、虚数なしでは質が落ちてしまうことでしょう。

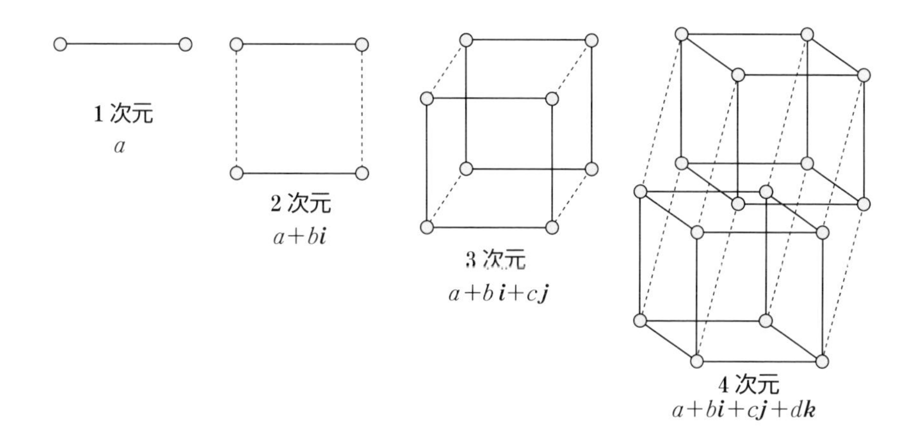

さらに、2章で示す光の屈折率のように、次元の違う複数の数字（ここでは時間と温度のように性質の違う数を想像してください）を、虚数を使って1つの数字に入れ込むこともできます。

波と次元という本書のキーワードがここで登場してきました。これから虚数の使い方をもっと詳しく説明していきたいと思います。

1-2 虚数で波を表わせる

「虚数で波を表わせる」と言っても、多くの方がピンとこないでしょう。これから順を追って、説明したいと思います。

大まかな流れは下のようになっています。全体像を忘れないように読み進めてくださいね。

1. 波を式で表わすにはどうすればよいか考える
2. 三角関数が波を表わすのに都合がよいことを説明する
3. 三角関数より虚数を使った方が、表記がすっきりすることを説明する

まず、波を式で表わすためにどうすればよいか考えます。

例えば水面に、こんな波があったとします。この波を表現することを考えてみましょう。

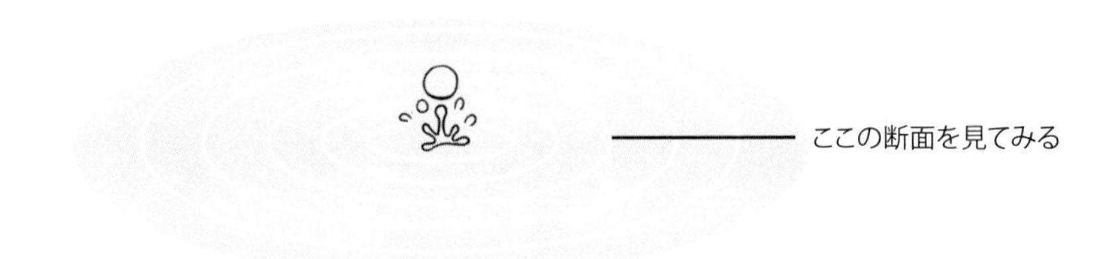

この波は2次元で扱いづらいので、まず上に示す線で断面を見ることを考えます。すると、波は下のようになっているでしょう。

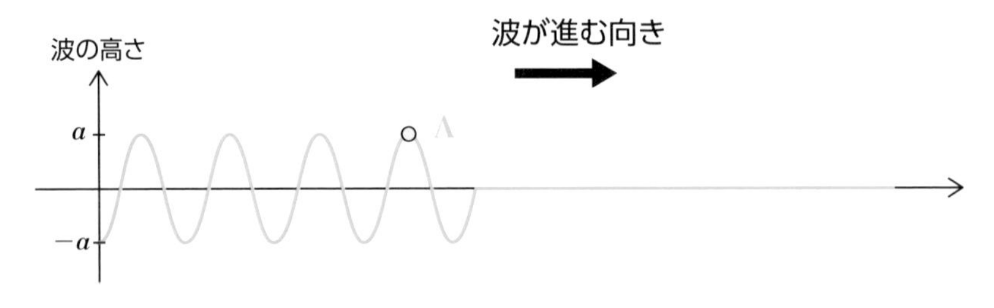

この波は時間が経つにつれて、次のように変化しています。例えば、波の頭であるA点は図の右に向けて動き、ある時間後には下のような場所に移動します。

波はこのように動いていきます。

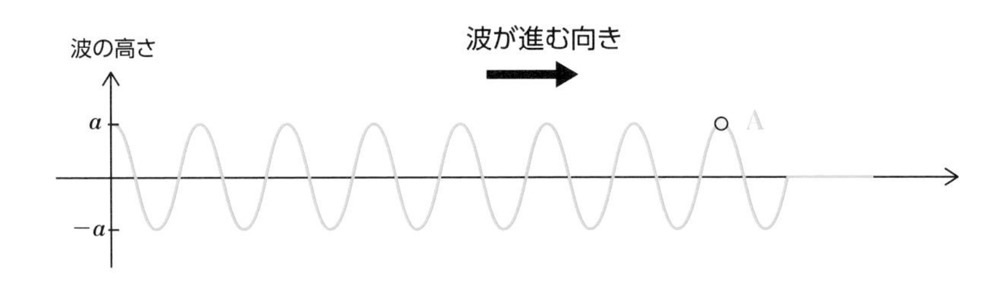

ここである場所Bにおいて、ある時間における波の高さを表現するためには、どうすればよいでしょうか？

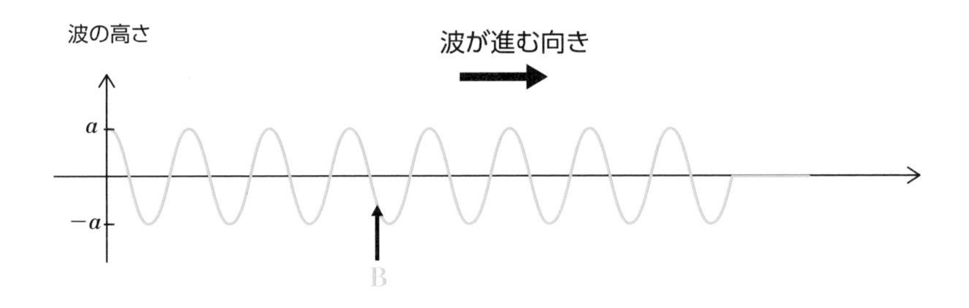

まず、この波の振幅（高さ）は知っておく必要がありそうです。この波の振幅aを知らないと、ある位置Bにおける波の高さはわからないでしょう。

ただ、この波の振幅だけでは情報が不十分です。なぜなら、波はどんどん進んでいくので、ある振幅の波が進むときには、時間によって点Bの高さは違うからです。

そこで必要なのが、B点が波の繰り返し（1周期）の中のどこにいるかという情報です。例えば、B点が波のPという位置にいることがわかれば、

A点の高さはわかります。この情報を位相と呼びます。

つまり、波を表わすためには、「波の振幅」、そして「波が繰り返しの中のどこにいるか」という2つの情報が必要となるのです。

波を表わすためには2つの情報が必要

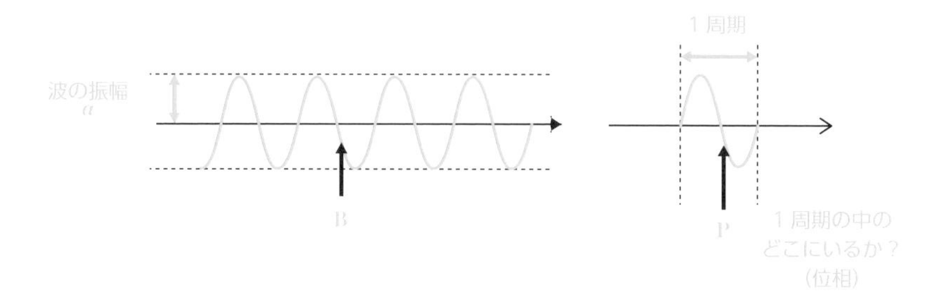

次に、波を表わすのに三角関数が便利であることを説明します。

これはグラフの形を見てもらえればわかると思います。三角関数のsinやcosのグラフの形はまさに「波」そのものです。

$y=\sin\theta$ のグラフはまさに波を表わす

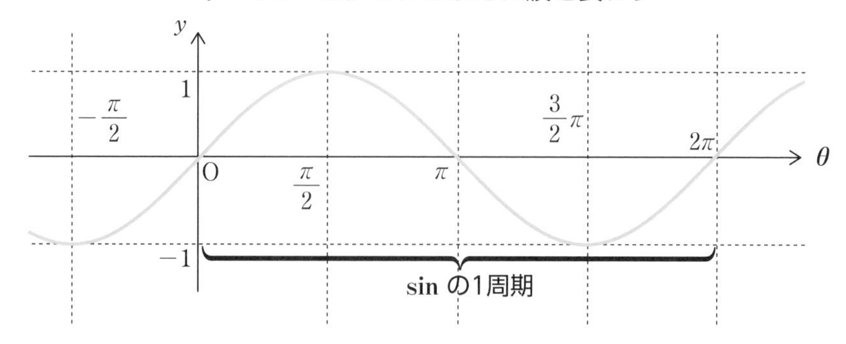

ですから、「波」を表わすのに三角関数を使うことにしたわけです。

これで数式を使って波を表わすことができるようになりました。ここで、波を数式で表わすとどうなるか示します。今は中身を理解する必要はありませんので、「三角関数で波を表わせるんだなー」という理解で十分です。

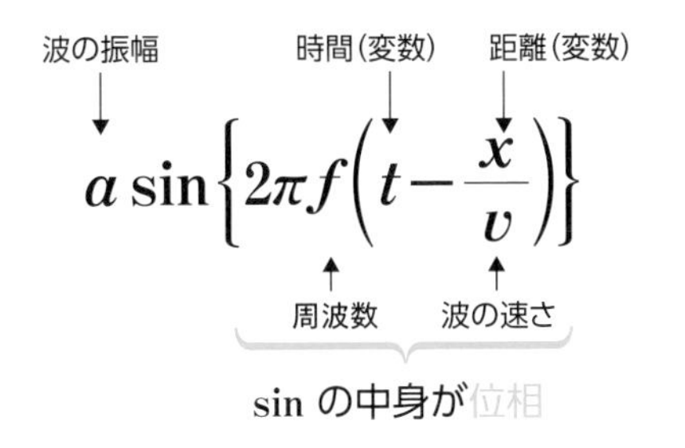

先ほど波を表わすのに2つの情報が必要という話をしました。その2つとは波の「振幅」、繰り返しの中のどこにいるかという「位相」です。振幅と位相はよく出てくる言葉ですので、覚えておくとよいでしょう。

そして3つ目です。ここで虚数が登場します。先ほどまでの議論で、三角関数を使って波を表わせることがわかりました。「波を数学で表わす」という意味では、三角関数を使えば十分です。

あえて虚数を使う理由は三角関数より指数関数の方が「楽」に波を扱えるからです。虚数なんて新しい数を持ち出すと難しく思えるかもしれません。しかし、それ以上に「楽」になるから、虚数を使うのです。

ここで登場するのが、有名な公式である「オイラーの公式」です。これは下のようなものです。

オイラーの公式：

$$e^{i\theta}=\cos\theta+i\sin\theta$$

※ e はネイピア数(自然対数の底)

詳しくは4章で説明するので、今は式の形だけに着目してください。ここで左辺はネイピア数と呼ばれるeを使った指数関数、右辺は三角関数になっています。

つまり、この式は三角関数と指数関数を、虚数iを通じてつなげた式と解釈できます。オイラーの公式とは三角関数と指数関数をつなげる公式と言えるわけです。

そして、三角関数より指数関数の方が「楽」に扱えることが大事です。

その根拠の1つ目は表記が楽ということです。左辺が指数関数で、右辺が三角関数です。指数関数の方が、画数も少なく楽に書けることがわかると思います。

「そんなこと」と思うかもしれませんが、たくさんの数式を扱う時には、コンパクトに表わせることはとても重要です。

そして、ハッキリと差が現れるのが、かけ算の楽さです。指数関数のかけ算は指数の部分を足し算するだけで計算できます。さらに割り算は引き算になります。だからとても計算が楽なのです。例えば、「$0.985\times1.025\div0.852$」よりも、「$0.985+1.025-0.852$」の方がはるかに簡単ですよね。

そして指数に虚数が入っても、この指数関数の性質は受け継がれます。

指数のかけ算は足し算

$$a^n \times a^m = a^{(n+m)}$$

例）$2^3\times2^2=2^{(3+2)}=2^5=32$

指数の割り算は引き算

$$a^n \div a^m = a^{(n-m)}$$

例）$2^4\div2^2=2^{(4-2)}=2^2=4$

その反面、三角関数のかけ算をしようとすると、非常に式がややこしくなります。高校で数学を学んだ時には、三角関数の公式の多さに悩まされた人も多いのではないでしょうか？

三角関数のかけ算は扱いが複雑（三角関係の積和の公式）

$$\sin\alpha\cos\beta=\frac{1}{2}\{\sin(\alpha+\beta)+\sin(\alpha-\beta)\}$$
$$\cos\alpha\sin\beta=\frac{1}{2}\{\sin(\alpha+\beta)-\sin(\alpha-\beta)\}$$
$$\cos\alpha\cos\beta=\frac{1}{2}\{\cos(\alpha+\beta)+\cos(\alpha-\beta)\}$$
$$\sin\alpha\sin\beta=-\frac{1}{2}\{\cos(\alpha+\beta)-\cos(\alpha-\beta)\}$$

このように三角関数より、虚数と指数関数を組み合わせた方が楽に扱えるので、波は虚数を使って表わされるようになったのです。

まとめると波を表わすために虚数を使う流れは下のようになります。

1. 三角関数で波が表わされる
2. オイラーの公式より、三角関数は虚数と指数関数で表わされる
3. 指数関数の方が三角関数より扱いやすい（計算しやすい）

波を表わすために、虚数を使う理由を感じていただけたでしょうか？

本書では2章と4章にて波を虚数で表わす例を紹介しています。

2章ではまず交流を虚数で表わす例を紹介します。コンセントからとる電気を交流と呼びます。これはプラスとマイナスの電気が波のように変わるので、虚数を使って表現すると便利なのです。さらに、携帯電話の通信に使われる波についても、どのように虚数が使われているかを解説します。

そして4章ではさらに突っ込んで、ある波形を周波数の異なる波に分解するフーリエ変換や量子力学における波をどのように虚数で表わすのかについて、詳しく紹介していきます。本書を通じて、波と虚数の繋がりを感じていただければ、と思います。

1-3 虚数で次元を拡張できる

次に、虚数で次元を拡張する話をお伝えします。その前に、「次元」という言葉の意味することがよくわからない、という方もいると思います。まず言葉の説明からはじめましょう。

数学で使う次元とは、その世界の中である位置を指すために、必要な数字の個数と考えてください。例えば、直線は1次元の世界で、ある点からの距離という1つの数字だけで表わされます。そして、平面は2次元の世界で縦と横の2つの数字で表わされます。3次元は我々の生活する空間で、縦と横に加えて高さという3つの数字で表わされるわけです。

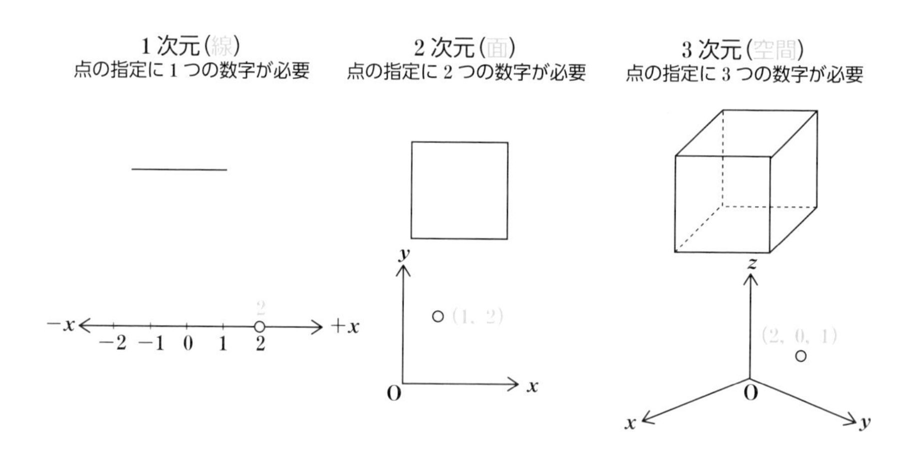

1とか$\frac{3}{5}$とかいう数字は1次元で、ある点からの距離しか表わすことはできません。一方、$1+2i$というように虚数を使うと、ある点から横方向に1、縦方向に2という風に、平面を表わすことができるのです。

これから虚数で平面を表わすことについて、さらに詳しく説明します。

その前に、虚数で平面を表わすことを理解するために必要である、虚数と複素数の違いを説明しておきたいと思います。

虚数というのは、「$i^2=-1$」を満たすiを使った$2i(2\times i)$とか$5i(5\times i)$という数のことです。このiは数学的には虚数単位と呼びます。実数が1、$\frac{3}{2}$、2、……となるように、虚数はi、$\frac{3}{2}i$、$2i$、……となります。ここでi、$\frac{3}{2}i$、$2i$のようにiの倍数だけで表わされる数を、特に純虚数と呼ぶこともあります。

ただ、虚数を使う時に、純虚数だけを考えることはほとんどなく、実際は実数と虚数（純虚数）の和の形で使われる場合がほとんどです。つまり$1+2i$とか$3+5i$という形の数です。この実数と虚数の和になっている数のことを複素数と呼びます。

ただの$2i$であっても、$0+2i$と考えることもできますので、虚数は複素数に含まれる、つまり複素数の方が広い概念と考えられるでしょう。もちろん、実数である1も$1+0i$とも考えられますので、複素数であるとも解釈できます。

虚数と複素数は何が違うのか疑問に思っていた方もいるかもしれません。本書においては、「複素数と虚数は同じ」と考えても大丈夫です。試験のように厳密な言葉の意味を問われる時以外は、特に問題はないでしょう。あまり気にせずに先に進んでください。

ここまで説明した複素数と実数、有理数（分数で表わせる数、分数で表わせない数は無理数です）の関係を示すと、次のようになります。

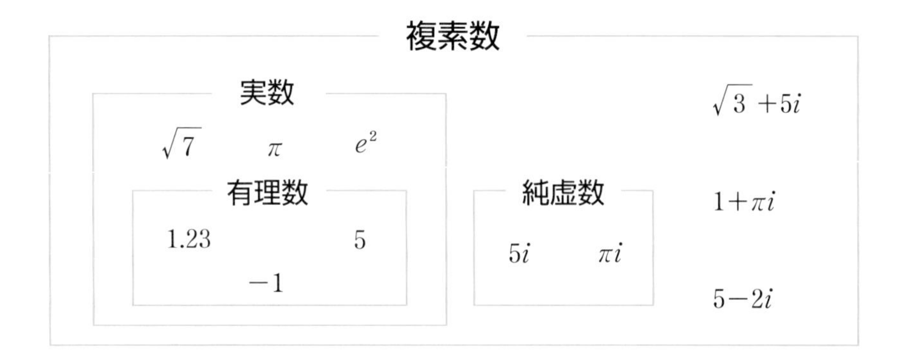

複素数は実数の部分と虚数の部分を併せ持つ数です。ここで、実数の部分を実部、虚数の部分を虚部、と呼びます。実部、虚部という表現はこれからもよく使いますので、慣れておきましょう。

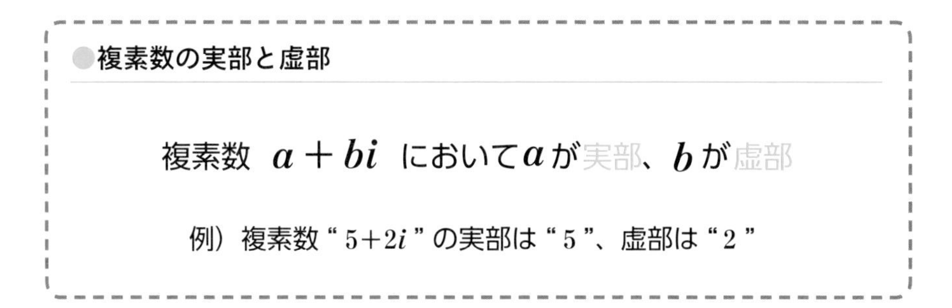

●複素数の実部と虚部

複素数 $a+bi$ において a が実部、b が虚部

例）複素数“$5+2i$”の実部は“5”、虚部は“2”

この複素数を使って、次元を拡張することができます。具体的には数直線を平面（複素平面）に拡張することができるのです。

数直線というのは、下のような直線です。無限に長い直線を使って、全ての実数を表現することができます。

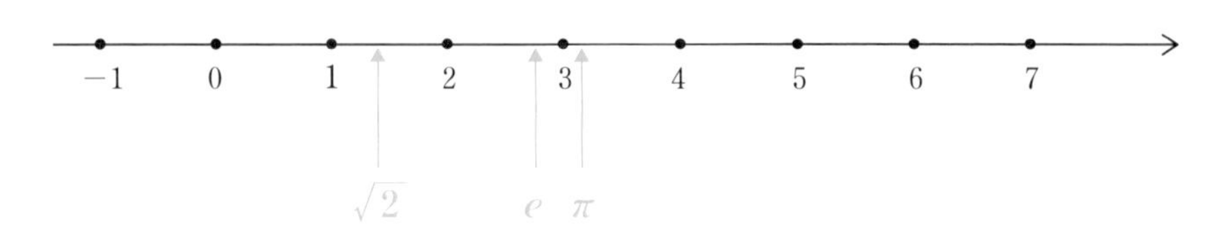

これが複素数になるとどうなるでしょう。虚数は実数から考えると奇妙な数なので数直線上には表わすことができません。それではどうなるかというと、横軸を実数の数直線とした時に、虚数は縦軸とすることができます。逆に虚数は実数の数直線上には存在していないのです。

このようにすると、複素数を使って平面を表わすことができます。例えば$1+2i$という複素数は、下の点を指します。

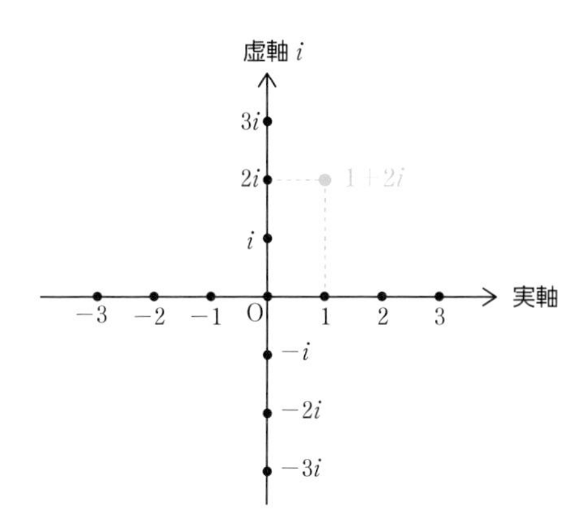

広い意味では0も複素数です。これは実部も虚部も0の数と考えられます。さすがに0という何もない状態は虚数でも実数でも同じです。だから実数の軸（実軸と呼ぶ）と虚数の軸（虚軸と呼ぶ）は原点Oで交わります。

ということで、虚数を使うと、1次元だけでなく2次元を表わすことができます。だから虚数は便利だというわけです。

と言ってはみたものの、ちょっとひっかかりがありませんか？　おそらく、あなたは次のようなxy平面を知っていると思います。ただ平面を表わしたいだけであれば、「わざわざ複素数のような難しいことを考える必要はないだろう」と考えられるかもしれません。

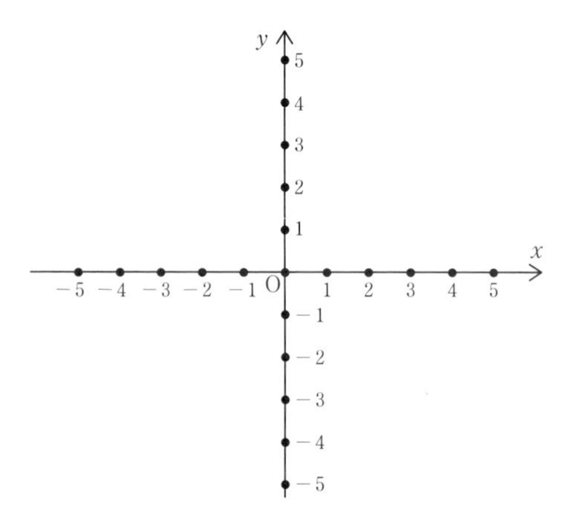

この疑問に対する答えは、「複素数で平面を表わすと便利なことがある」です。詳しくは3章や5章で説明しますが、平面上の図形の回転を表わす時に、複素平面を使った方が扱いやすくなります。

このあたりの差は小数と分数を考えてみるとよいでしょう。全ての小数は分数で表わすことができるので、別に小数がなくても問題はないはずです。でも小数の方が見やすく、便利なことも多いので、小数も使われているわけです。複素平面とxy平面も同じような関係だと思ってください。

さらに、複素数を使って数の次元を増やすと、今まで解けなかった方程式が解けるようになることがあります。例えば$x^2=-5$という2次方程式は実数では解くことができませんが、虚数を考えると解くことができるようになります。

これをイメージすると次のような迷路を解くことに近いかもしれません。左図の2次元の迷路には解はありません。しかし、右のように3次元にすると、高さ方向の自由度が加わるため、壁を飛び越えることで迷路が解けてしまうわけです。

このように次元を増やすことで、今まで解けなかった問題を解くことができるようになります。

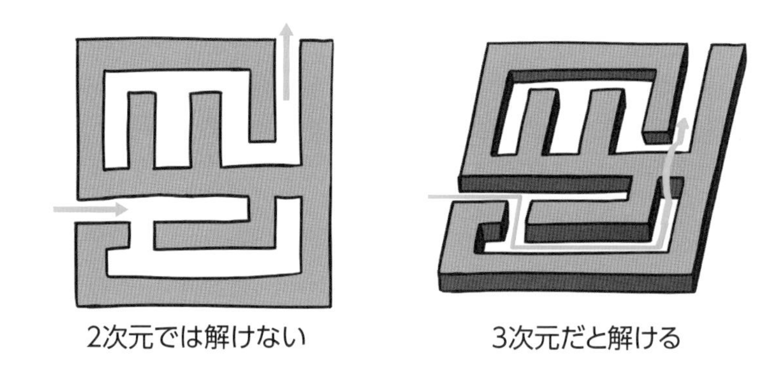

実数では解けない2次方程式を虚数を使って解くことは、まさにこのイメージだと考えています。

次元を増やすことは、問題を複雑にしてしまうと思われるかもしれません。しかし、次元を増やすことにより、逆に問題を単純化させることも多いのです。

例えば下のような単振動と呼ばれる運動を考えてみましょう。天井からばねを使っておもりが吊り下げられていて、つり合いの状態にあります。ここで、少しおもりを引いてやると、上下に運動する単振動という動きをします。

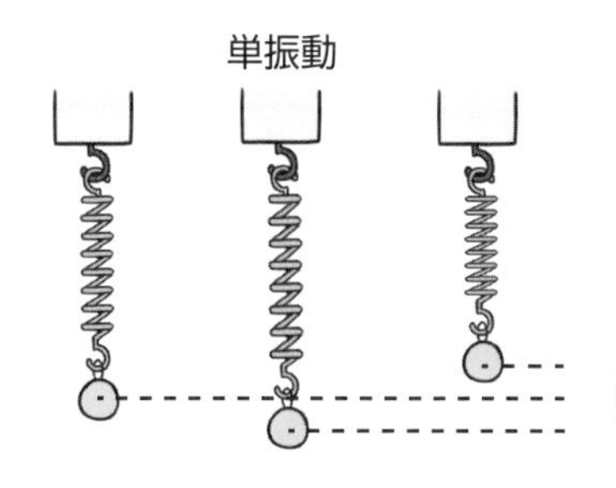

この単振動という動きは、おもりの位置は下のように三角関数を使って表わすことができます。ですが、これではイメージしにくいですよね。三角関数では位置や速度がわかりにくいのです。

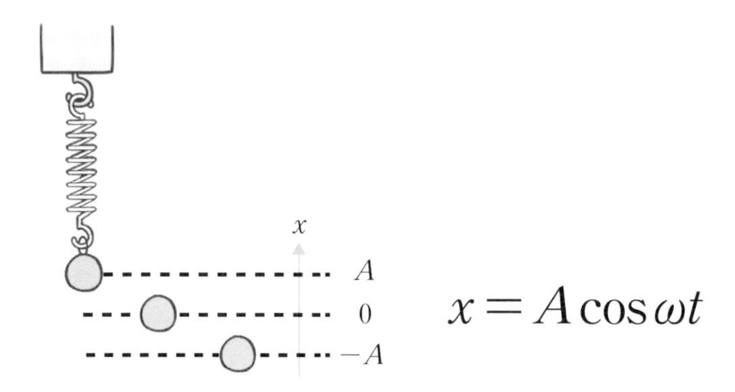

この現象は次元を拡張すると、わかりやすく理解することができます。

下のように二次元平面での円を考えます。この円上を一定の速度vで物体が動くとすると、そのx座標が単振動している物体の位置を表わしているのです。左側から光を当てて、その影の運動が単振動という理解もできます。

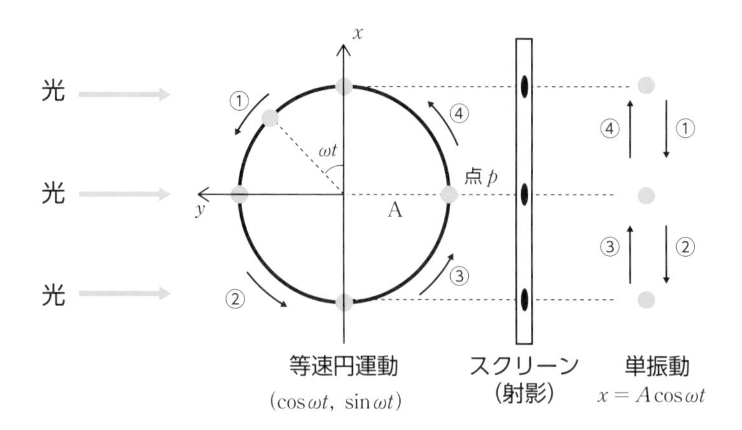

最初に示した「$x = A\cos\omega t$」という1次元の三角関数の式による運動よりも、2次元上を同じ速度で円運動する物体の方が、直感的に理解しやすいのではないでしょうか。

このように1次元の問題であっても、2次元に拡張することで見通しがよくなることがあります。ですから数学の世界でも1次元の問題（実数の問題）であっても、あえて2次元の問題（複素数の問題）に拡張するわけです。

このように現実の問題の見通しをよくするために、虚数（複素数）が使われることがあるのです。

1－4 虚数は美しい数である

このタイトルだけ見ると「そんな数学の美しさなんて、私には理解できないよ」と本を閉じてしまいたくなるかもしれません。

でも絵画などの「美術作品の美」も、素人が見ても「何がすごいのか、わからない」ということがたくさんあります。だから「数学の美」と言われても、「そんなのわからない」と反応するのは普通なのでしょう。

しかし、数学の美は美術ほど複雑ではありません。シンプルです。数学の世界では、できるだけ多くの情報を、できるだけコンパクトに入れ込んだものが「美しい」とされるのです。

例えば、物理の世界で使うマックスウェルの方程式というものがあります。これには微分形と積分形というものがあって、両者が表わすことは全く同じです。

その式を下に示します。中身はわからなくてよいので、ただ絵のように式を眺めてみてください。

微分形	積分形
$\nabla \cdot \boldsymbol{D} = \rho$	$\int_S \boldsymbol{D} \cdot \boldsymbol{n} dS = Q$
$\nabla \cdot \boldsymbol{B} = 0$	$\int_S \boldsymbol{B} \cdot \boldsymbol{n} dS = 0$
$\nabla \times \boldsymbol{H} = i + \frac{\partial \boldsymbol{D}}{\partial t}$	$\int_C \boldsymbol{H} \cdot d\boldsymbol{s} = \int_S i \cdot \boldsymbol{n} dS + \int_S \frac{\partial \boldsymbol{D}}{\partial t} \cdot \boldsymbol{n} dS$
$\nabla \times \boldsymbol{E} = -\frac{\partial \boldsymbol{B}}{\partial t}$	$\int_C \boldsymbol{E} \cdot d\boldsymbol{s} = -\int_S \frac{\partial \boldsymbol{B}}{\partial t} \cdot \boldsymbol{n} dS$

これを見てどちらが美しいでしょうか？　微分形でも積分形でも表わすことは同じです。そうなると数学的な観点からは「できるだけシンプル」であることが大事になります。ですから、見た目がシンプルな微分形の方が好まれるわけです。

実際のところ、積分形の方が情報量は多く、わかりやすいものです。しかし数学的な美しさという意味で、マックスウェルの方程式はほとんどの場合、微分形で紹介されます。

虚数と美しさと言って、真っ先に思いつくのが、数学の中で最も美しい式と言われるオイラーの等式と呼ばれる式です。

$$e^{i\pi}+1=0$$

この式では、虚数単位であるiと円周率のπ、そして微積分の世界で生まれたネイピア数 e が、1つの式でシンプルにまとまっています。その上、実数の中で最も基本的な1と0が含まれています。だからこの式は、美しいと言われるのです。

最も大事なことは先ほどからお伝えしているように「シンプル」であることです。その観点でこの式は、邪魔なものが何も入っていません。それゆえにオイラーの等式は最も美しい数式とされるのです。

また、シンプルであることはもちろん、数学には完全なものを美しいとする感覚もあります。例えば、a、b、cを実数として、下記の2次方程式は実数の範囲で必ず解けるとは限りません。

$$ax^2+bx+c=0 \ (x\text{は実数})$$

この2次方程式において$a=1$、$b=0$、$c=1$とした2次方程式$x^2+1=0$は実数解を持てません。

しかしながら、これを複素数に拡張すると、下記のようなzについての方程式は全ての複素数a、b、cについて、複素数zの範囲で解を持つのです。なお、複素数は実数と虚数を合わせた概念なので、ここでは実数も複素数に含まれていることにも注意してください。

$$\boldsymbol{az^2+bz+c=0} \ (\boldsymbol{z}\text{は複素数})$$

一般に複素数の範囲ではn次方程式はn個の解を持ちます（重解を含む、例えば3重解は解3つとカウントする）。

つまり、実数より複素数の方がより完璧だとみなすのです。それが実数より虚数を含んだ複素数の方が美しいとする根拠になっています。

また先ほど説明したように、複素数は横軸を実数、縦軸を虚数とした平面（複素平面と呼びます）で表わせます。ですから、方程式の解を複素平面上の点で表わすことができます。この点で作られる図形が、視覚的に美しいと感じられることもあります。

例えば方程式$x^5=1$の解（1の5乗根）は複素平面で次のように表わされます。原点を中心に持つ正五角形となるわけです。

一般的に単位円（原点が中心で半径1の円）に内接する正n角形が、1のn乗根に対応します。このように数を図形で表現することができることも、虚数が美しいとされる一つの理由とされています。

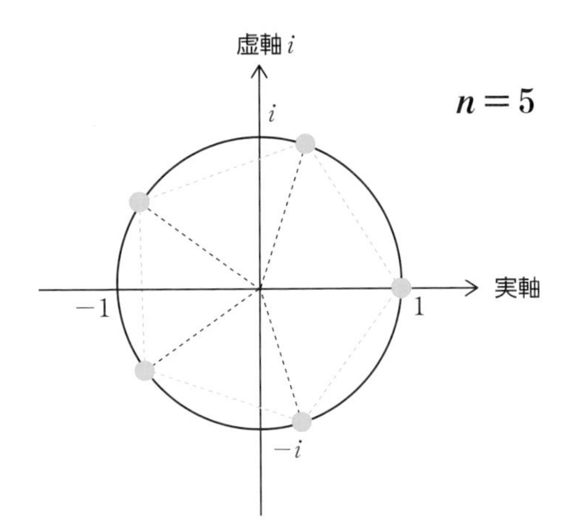
虚軸 i
$n=5$
i
実軸
-1
1
$-i$

1-5 虚数を学べば数学や物理の全体像がわかる

虚数は数学における塩のようなものだと思っています。なぜなら、ほとんどの料理で塩を使うように、数学の多くの分野で虚数が使われているからです。逆に虚数を学ぶことで、数学の多くの分野を学べるメリットがあります。

今まで、数であるとか、方程式であるとか、図形であるとか、座標であるとか、三角関数や指数関数なども別々に勉強してきたと思います。そこに虚数という縦糸が加わることで、より理解を強固にできるのです。虚数を学ぶことにはそんなメリットもあります。

虚数は自然数→整数→有理数→実数と進んできた数の拡張の先にあります。ここでいう拡張とは、1、2、3、……、といった自然数から、負の数、分数と、どんどん広い概念に広がっていったということです。

ですから「数って何?」という疑問を持った時、虚数を学ぶことで、数の拡張の感覚を身につけることができるでしょう。

数学の世界では関数もどんどん拡張されていきます。指数を中学で最初に習ったとき、「ある数を○回かける」という意味で習ったと思います。例えば2^3だと2を3回かけたという意味を持ちます。ただ、この意味だと指数は自然数にしかなり得ません。

しかし、高校でそれを拡張することによって、指数が0になったり、1.5などの分数や-2などの負の数にまで展開されます。最終的には$\sqrt{2}$などの無理数にも広がっていくわけです。

指数はその次の拡張として2^iのように虚数にも展開していきます。今は全く想像がつかない方がほとんどだと思います。いったい数学はどのように虚数の指数を考えるのでしょうか？　答えは7章でじっくりお話しします。

この指数の拡張を通して、数学の世界での考え方を学ぶことができるでしょう。

次に、複素平面という言葉があるように、虚数は平面とも強く結びついています。ですから虚数を学ぶことで、図形の性質や図形を数式で表わすことについても理解を深めることができます。

さらに、先ほどの節で述べたように、方程式の解を平面を使って表わすことができるようにもなります。複素数は図形やベクトルといった代数学にも深く根付いているのです。

図形の変換など、座標と行列でやっていたことが、虚数を使ってどのように表現されるか、そんなところに注目すると数学の世界が広がって見えると思います。

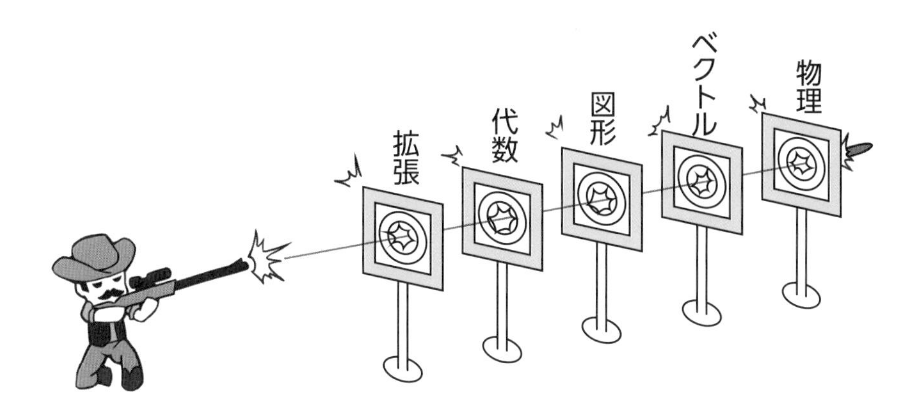

そして、虚数は数学だけでなく物理や工学への理解も深めてくれます。これはなんといっても虚数により「波」を記述する側面が大きいです。

物理の世界では波に結びつく現象が数多く存在します。例えば、電磁波や音波などの波の解析には虚数が多く使われます。逆に虚数を学ぶことにより波の性質を理解することもできるのです。

物理と波の関係を語る上で特に重要なのが、量子力学や相対論を始めとした先端物理学です。量子力学では基礎となる方程式が「（シュレーディンガーの）波動方程式」と呼ばれるもので、本質的に物質は波として表わされます。

当然、その波には虚数が使われるわけであり、虚数と波の関係を正しく理解することにより、難解な量子力学も少しは楽に理解できるでしょう。

このように特に先端物理は波と深く結びついており、虚数で波を学ぶことにより、学びやすくなることでしょう。そんな意味でも虚数をしっかり勉強しておくことをおすすめします。

KYOSU FUKUSOSU

虚数は何の役に立っているのか？

Chapter

1章で虚数がどのように役に立っているのか、概略を説明してきました。
この2章では虚数が実際に使われている例を紹介します。
1章でも説明しましたが、虚数は実数と組み合わされた複素数として使われています。1つ目は複素数を使い波を表わすこと、2つ目は2つ（以上）のものを1つの数字に詰め込んで、扱いを簡単にすることに意義があります。
虚数が何の役に立っているのか、この2章でその様子をつかんでみましょう。
なお、途中でわからない式や概念があったとしても、読み進められるように配慮してあります。わからないところがあればどんどん飛ばしても大丈夫です。

2-1 電気は虚数がないと使えない

身の回りのあらゆるところで使われている電気ですが、実は電気には2種類のタイプがあります。1つ目が直流で、2つ目が交流というものです。

乾電池や携帯などの電子機器で使われているバッテリーは直流の電気で、家のコンセントからの電気は交流の電気となります。

直流はプラスとマイナスが一定ですが、交流はそれらが波のように変化するものですので、虚数の波を表わせる性質を使ってうまく扱うことができます。

最初に単純な直流を紹介します。

直流の電気はオームの法則という関係を使って、比較的簡単に解析できます。

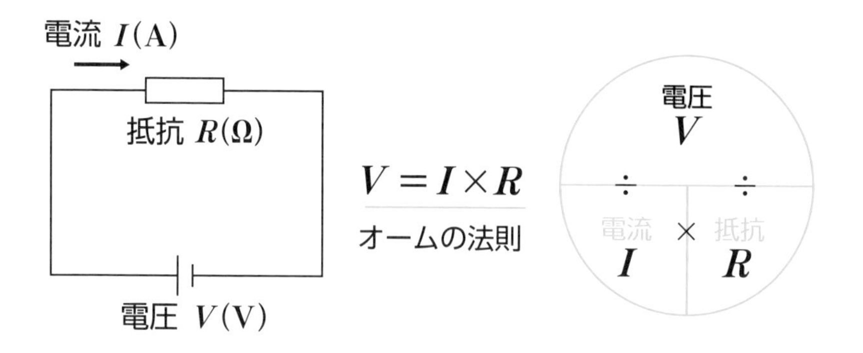

電気回路の場合、電気の流れを妨げる抵抗（電気抵抗）というものが存在しています。例えば電池で電球を光らせる場合、その電球が抵抗として働きますし、電池でモーターを動かす場合、そのモーターが抵抗として働きます。

電気は電流と電圧を使って表わされて、その電流と電圧、そして抵抗の関係を示すのがオームの法則です。

これを使うと、ある抵抗に電圧をかけると、どれだけ電流が流れるのかわかります。逆に、ある電圧で欲しい電流を流したいのであれば、どれだけの抵抗値にすればよいかわかるわけです。

このオームの法則を使った直流の電気回路の解析は、比較的簡単です。日本では中学で習うものだと思います。

しかし、交流になると話が一気に複雑になってきます。

直流は電圧が一定でしたが、交流はそれが変動します。日本だと、東日本は1秒間に50回（50Hz）、西日本では60回（60Hz）入れ替わります。

ちなみに、なぜ東日本と西日本で異なるか、という理由を説明しておきましょう。それは明治時代に日本が初めて電力システムを導入した際に、東日本の会社（現在の東京電力）がドイツ製の50Hzの発電機、西日本の会社（現在の関西電力）がアメリカ製の60Hzの発電機を導入したことに始まります。

その差が埋められることなく、今まで続いてきました。日本の電化製品は50Hzにも60Hzにも対応しているので、問題が生じることはまずありません。しかし、東日本から西日本へ電力を融通する時などには、問題になることがあります。最初に日本全体でそろえておけば、こんな問題は生じなかったのですが……。

話を元に戻しますが、コンセントの電気は交流なので、電圧を計ると次の図のようになっています。1秒間に数十回も変動するので、人の目でその変化を見るのは難しいでしょう。

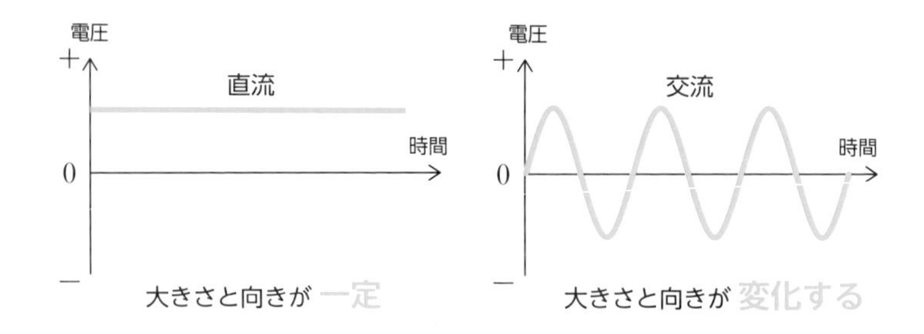

電圧が変動するにしても、オームの法則のように電圧の変動に対して、電流が完全に連動すれば、扱いはそれほど難しくないかもしれません。

しかし面倒なことに、交流の回路では一般に電圧の変化に対して、電流がぴったり追従しません。下のように、電圧と電流のタイミングがずれてしまいます。

ですので、電流と電圧の値だけでなく、このズレも数式で表現しなくてはいけないわけです。このズレを「位相のズレ」と呼びます。位相という言葉は23ページで説明していますので、忘れていたらそちらに戻ってみてください。

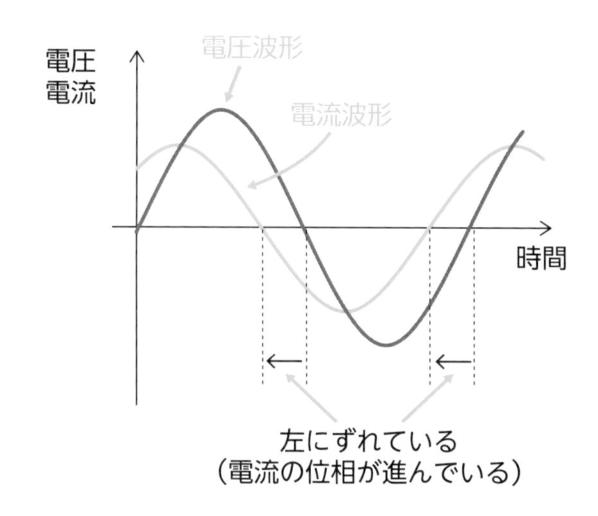

このズレを生むのは、回路にある容量やコイルと呼ばれる素子です。直流だと抵抗だけ考えておけばよかったのですが、交流になると容量やコイルが出てきて素子が増えるのも面倒なところです。

また、このズレは容量やコイルの大きさだけでなく、電圧変動の数（周波数と呼びます）によっても変わるので話が難しくなります。

電気回路に慣れていない人が聞くと、これだけで投げ出しそうになるかもしれません。しかし本書の目的は虚数の理解ですので、容量やコイルや周波数に関しては理解できていなくても大丈夫です。安心して読み進めてください。

24ページで説明したように、数式で波を表わす場合は三角関数が使えます。例えば$\sin x$や$\cos x$のグラフは下のようになりますが、これはまさに交流の電圧そのものです。ですから交流を扱う場合は、三角関数が使われるのです。

三角関数と聞くと直角三角形をイメージするかもしれません。しかし実際のところ、数学を活用する場面では、多くは波を表現するために三角関数が使われています。

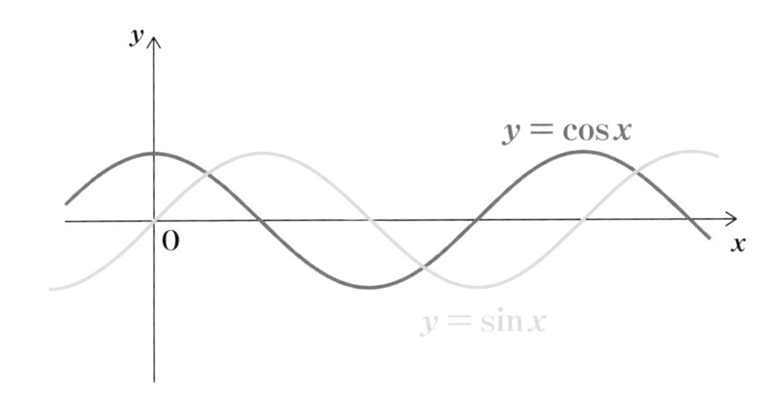

ここで交流回路を、虚数を使って解析することを考えましょう。

その前に、インピーダンスについて少し説明します。直流の場合はオームの法則から、抵抗に流れる電流を解析しました。交流の場合、先ほど説明したように、電流と電圧の関係だけでなく、電流と電圧のズレ（位相のズレ）の関係も表わさなくてはなりません。

だから、この2つの関係を表現できる抵抗のような量をインピーダンスと呼びます。つまり、インピーダンスとは抵抗に位相のズレを表わす概念を加えたものと考えてください。

下に示すLCR直列回路と呼ばれる回路では、交流電圧がかかった時の電流とインピーダンスを解析しています。

ここで1点注意です。今まで虚数単位はiとしてきましたが、電子工学の分野ではjを使うのが一般的です。というのも、電気工学ではiは電流の意味を持つので紛らわしくなるからです。ですので、iの代わりにjを使うのです。新しいものが出てきたわけではありませんので、安心してください。

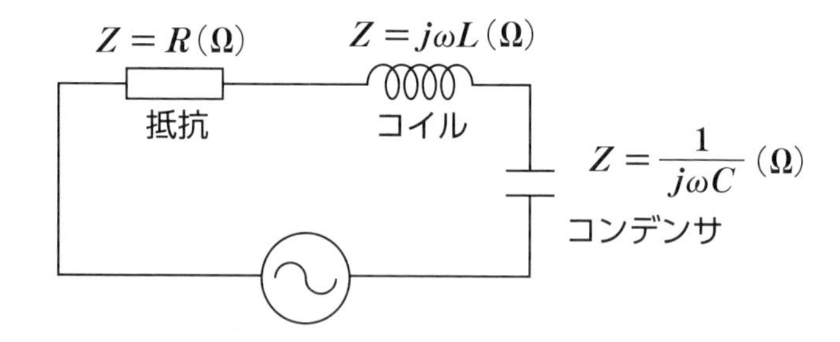

回路の中身を理解できる必要はありません。ただ押さえてほしいのが、ここでR, L, C, ωは実数であることです。

つまり、抵抗のインピーダンスは実数であり、コイルとコンデンサは虚数（純虚数）であることがわかります。これは、抵抗は交流の振幅（大きさ）だけに影響を与え、コイルやコンデンサは交流の位相のズレにも影響を与えることを示しています。

インピーダンスを、虚数を使わない場合と使った形で併記します。

	虚数を使わない場合	虚数で表わした場合
大きさ	$\sqrt{R^2+\left(\omega L-\frac{1}{\omega C}\right)^2}$ [Ω]	$\dot{Z}=R+j\left(\omega L-\frac{1}{\omega C}\right)$ [Ω]
位相のズレ	$\tan^{-1}\left(\frac{\omega L-\frac{1}{\omega C}}{R}\right)$	

複雑な計算をしているようですが､別に中身はわかる必要はありません。

ただ、式の形だけを見てください。たとえ中身が理解できなくても、明らかに複素数の方が簡単なことがわかるでしょう。

そもそも、虚数を使わない場合は、電圧と電流の関係、位相の関係を2つの式で表わさなくてはいけません。一方、複素数（虚数）を使うとその2つを同じ式に入れ込んで表現できます。

この表記の簡潔さが、交流を表わすのに虚数が使われる意味です。

また、電流や電圧の値は解析のため、微分することが多いです。この微分が虚数を使うと簡単になるのです。ここで、微分はグラフの傾きを求めることと考えてください。

三角関数で電圧を表わした場合と指数関数で表わした場合、時間で微分した関数を次に示しました。

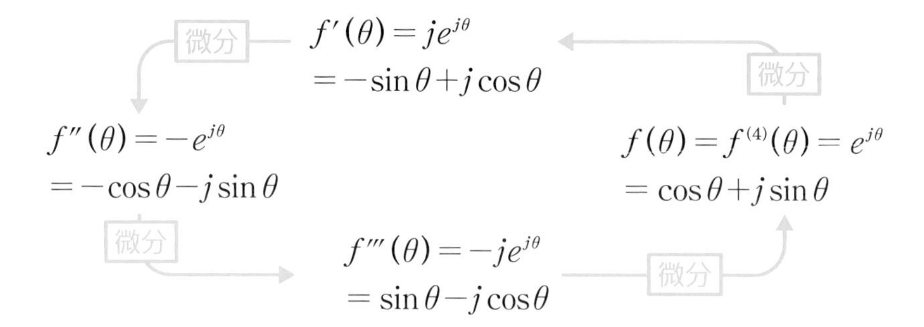

もともと同じ関数を表わしているので当たり前ですが、4回微分すると元に戻ることはどちらでも変わりありません。

しかし、指数関数を微分すると、単にj（虚数単位）がかけられるだけなのに対して、三角関数はsinとcosが変わったり、cosを微分する時だけ符号が変わったりと少し複雑です。

だから、虚数と指数関数を使った表記が好まれるわけです。

このようにコンセントの電気である交流を解析するためには、虚数が使われています。もともと三角関数さえあれば、交流は表現できます。それでも虚数が使われる理由は、「電気をシンプルに表現できるから」ということです。

もしかすると、虚数なんて難しいものを持ち出さずに三角関数だけで表現した方がわかりやすいのでは、と考える方もいるかもしれません。でも、現在、交流を表わすのに複素数を使うのが一般的ということは、やっぱりそっちの方が扱いやすいのです。

例えば、コンロでお湯を沸かすためには、やかんは必ずしも必要なく、普通のお鍋でも十分でしょう。しかし、お湯を沸かす時には、やかんの方が注ぎやすくて便利です。複素数を使った指数と三角関数は、そんな関係とイメージしていただくのがよいかもしれません。

2-2 光のふるまいを虚数で表現する

スマホやパソコンなど電子機器同士が通信をする時に、情報を伝達する方法がいくつかあります。無線LANや携帯電話のように電波を使って通信する方法、LANケーブルを使って、電気的に接続する方法もあります。ここで注目する光ファイバーを使う方法もその一つになります。

光ファイバーを使う方法は圧倒的に大きな情報を送れること、また遠くまで送れることに特長があります。一方、価格は高くなってしまうので、私たちが使うパソコンとかスマホを直接に、光ファイバーでつなぐことはほとんどないでしょう。

光ファイバーはその性質を生かして、大陸を横断する通信を担う海底ケーブルや通信事業者から建物までの通信など、主にインフラ用途として使われています。

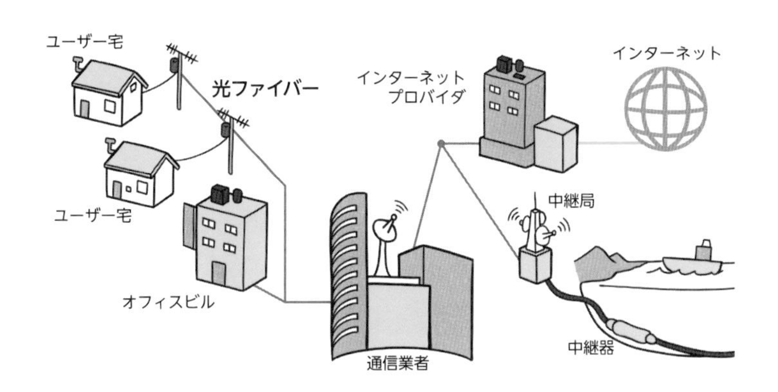

この光ファイバーの原理は次の図のように、ファイバーの中に情報を入

れた光を通して遠くまで伝えるものです。

ですので、ファイバー中の光のふるまいを知ることはとても重要になります。

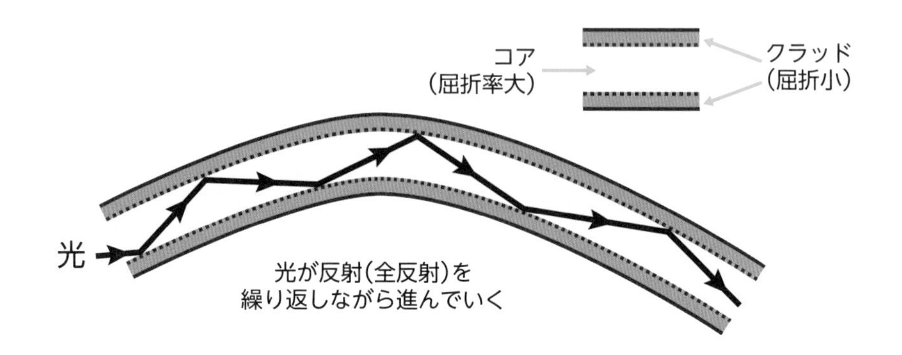

光のふるまいを示す時に、重要な要素となるのが屈折率です。

下の図のように、学校で光の屈折を勉強したことを覚えているでしょうか？　斜め方向から、ガラスやプラスチックなどに光が入った時、次のように光が屈折する（曲がる）現象です。この現象に関わるパラメータが屈折率なのです。

虚数を使うことにより、屈折率に次元の違う量を詰め込んで、現象をシンプルに表わすことができます。それがこの節で伝えたいことです。

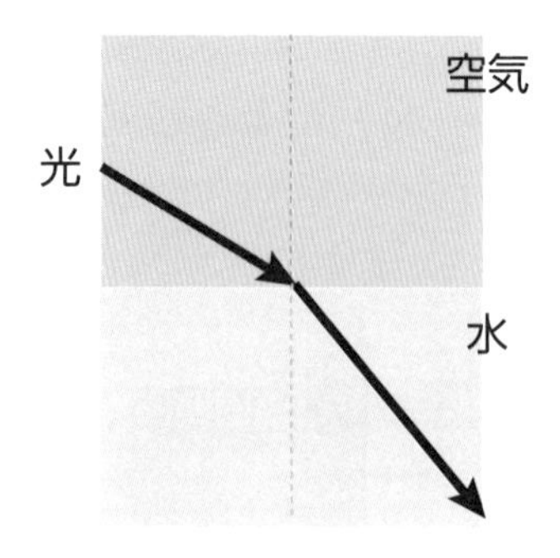

まず、実数の世界で屈折率を説明しましょう。屈折率は媒質（光が通るもの、空気やガラスなど）ごとに決まっていて、屈折率の差が大きいほど

曲がりが大きくなります。屈折率は空気中ではほぼ1、ガラスや水などになると1.3や1.5など、1より大きい値をとります。

光が屈折する角度は屈折する角度と屈折率を使って、下のようにも表わされます（この数式はわからなくても問題ありませんので、安心して読み飛ばしてください）。

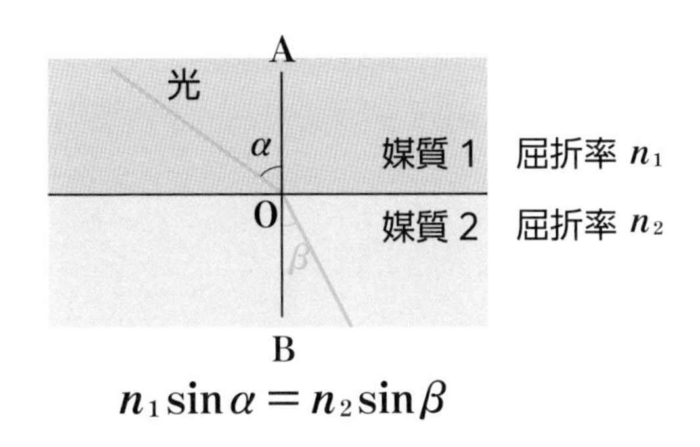

$$n_1 \sin\alpha = n_2 \sin\beta$$

実はこの屈折率にはもっと簡単な意味があります。それは光の速さに関係しています。光の速さは3.0×10^8 (m/s)で、これが有名な1秒に地球を7周半回る速度になります。

ただ、この速さはあくまで何もないところ（真空）の速さであって、ガラスのような物質の中では光の速さが遅くなります。ここで屈折率がnの媒質中では、光の速さが$\frac{1}{n}$になるという性質があるのです。

つまり、屈折率が1.2の媒質中であれば、光の速さは$3.0\div1.2=2.5$ですから、2.5×10^8 (m/s)となります。そして、屈折率が1.5の媒質中であれば$3.0\div1.5=2.0$より、光の速さは2.0×10^8 (m/s)となるわけです。

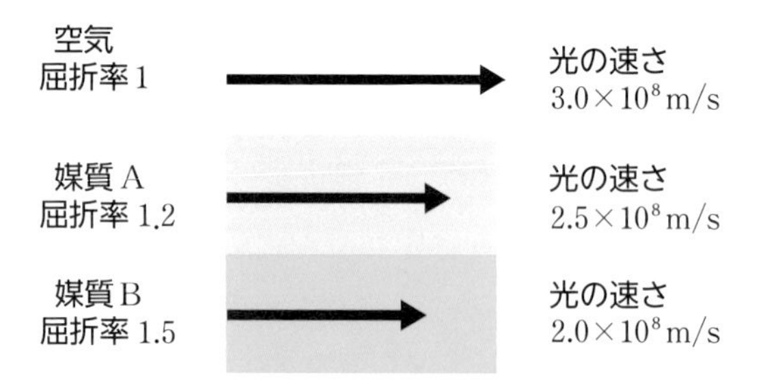

ここで虚数の登場です。これまでの議論だと、屈折率は速さの比ですから、当然実数です。虚数にはなり得ません。しかし研究者は、この実数の屈折率に虚数を加えた数、つまり複素数にしてみたのです。

つまり、こんな感じです。ここで虚数部分がマイナスになっている理由は後で説明します。

$$N = n - ik$$

複素屈折率　　実数の屈折率　　虚数部分（虚部）
（kは実数）

数学を専門とする人がこんなことをすると、「ただやってみた」ということも多いのですが、工学の研究者は違います。ここにはちゃんとした意図があるのです。

先ほど説明したように、屈折率を複素数にしても、その実数の部分nは光の速度に関係します。ですから、屈折率が複素数になって虚部（虚数の項）を持っても、実部（実数の項）が光の速さに関する値ということは変わりありません。

それでは虚部は何を表わしているのでしょうか？　もちろん虚数の速さ

なんて意味がありません。この虚部は次元の違うものを表わしています。

ここで「虚数で次元を拡張できる」という言葉を思い出してください。次元が違うということは、例えば1m（長さ）と1秒（時間）といった全く違うものを表わしているということです。

そして、屈折率の虚部は何かというと、光の減衰に関係しています。例えばガラスの中に光が入ると大きさ（光の強さ）が減衰していきます。その減衰の程度に関する量なのです。

その様子を下の図に示します。まず、屈折率が1で虚部を持たない光の波が一番上の図です。ここでnが1.2など1より大きくなると、波が単位時間に進む距離（速さ）が小さくなります。ここで屈折率が実部のみで虚部が0、つまり$k=0$だと、減衰はありません。

屈折率が虚部を持つと、波の速さが遅くなるだけでなく、図のように光の減衰（光の強さが弱まること）が発生します。

つまり、k（屈折率の虚部）が0より大きくなると図のように媒質に入るにしたがって減衰していき、kが大きな物質だとその減衰度合いが大きくなるわけです。

その物質中での光の速さだけを示す実数の屈折率から、複素数の屈折率に置き換えることにより、速さだけでなく減衰も表わすことができるようになります。速さと減衰を一緒に計算することにより、分けて計算するより計算も楽になりますし、数式も簡単になります。これが便利なので、複素数を使っているわけです。

実は光は色（光の波長）により、屈折率や減衰率が異なるという特性があり、そんな解析をするのにも、複素屈折率が役立っています。その結果、光ファイバーに応用され、私たちの快適なネット環境の実現に役立ってくれているわけです。

1章でも説明しましたが、数を利用するためには意味を与える必要があります。4という数には意味がありませんが、4個のリンゴとか4リットルのガソリンなど、実体のあるものを対応させると意味が生まれます。

同様に意味がないと思える虚数であっても、この場合は複素数で屈折率を考えて、実部には「速さ」、虚部には「減衰」という実体を与えることにより、意味が生まれて利用することができるわけです。

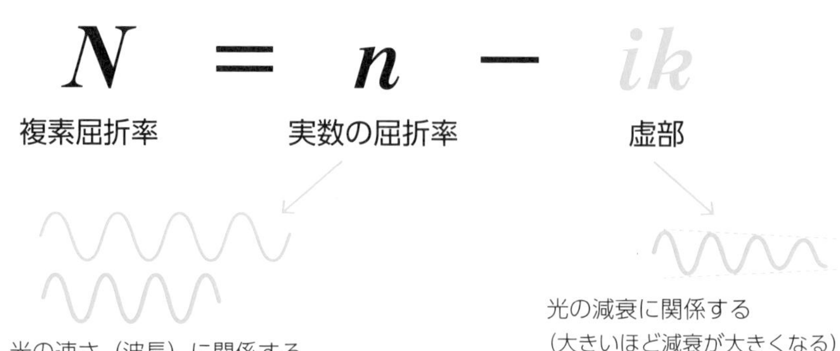

虚数に意味があるかないかを議論するのではなく、何の意味を与えるのか？　という視点で虚数に向き合うことが大事なのです。

ここで複素屈折率を考えていた時に、なぜ虚部の前が負なのかについて説明します。このkは正式には消衰係数と呼ばれ、大きくなるほど減衰が大きくなります。

数式上では、虚部の係数が小さい（負で絶対値が大きい）ほど減衰が大きいことになります。消衰係数は大きいほど減衰が大きくなる方が直感に合うので、kの前をマイナスにしたのでしょう。

ちなみにkが負になると、媒質の中で光が増幅されることを意味しますが、通常の状況ではそんなことは起こりません。

2-3 スマホは虚数で情報を送っている

次に電波通信のお話です。スマホなどの携帯電話、Wi－Fi通信、それにテレビやラジオなどは電波を使って、情報を送受信していることはご存知でしょう。

この章では、電波を使って情報を送るために活躍している虚数についてお話しします。波を表わすために虚数が便利な性質が、ここでは活かされています。

最初に、電波で情報を送るとは、どういうことなのかお話ししたいと思います。

例えば0と1の信号を送ることを考えてみましょう。一番簡単なのは、次のように信号の振幅に意味を与えることですね。

つまり振幅が大きいと1、小さいと0という具合に情報を送るわけです。

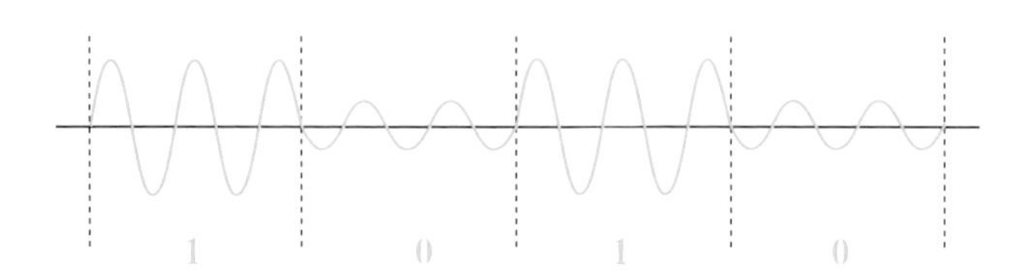

このような方法が振幅変調AM（Amplitude Modulation）と呼ばれます。AMラジオは電波の振幅に情報を与えているのです。

AMでは、もっと振幅の刻みを細かくした時、例えば次のように4段階にして、0,1,2,3という4つの情報を送ることもできます。

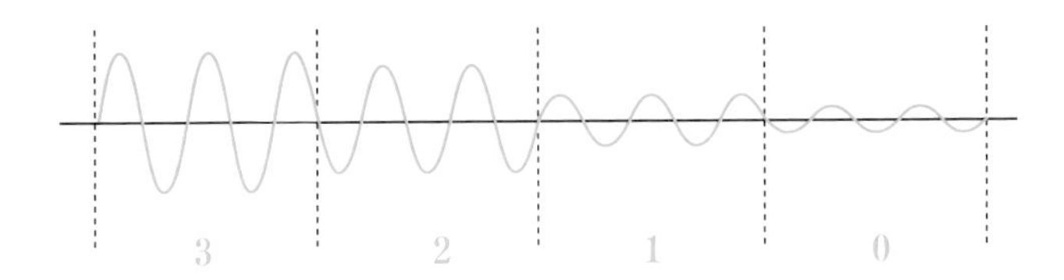

次に、波の変動の速さ、周波数に情報を与える方法があります。

つまり下のように波の変動が速い時と遅い時に0と1を割り当てます。

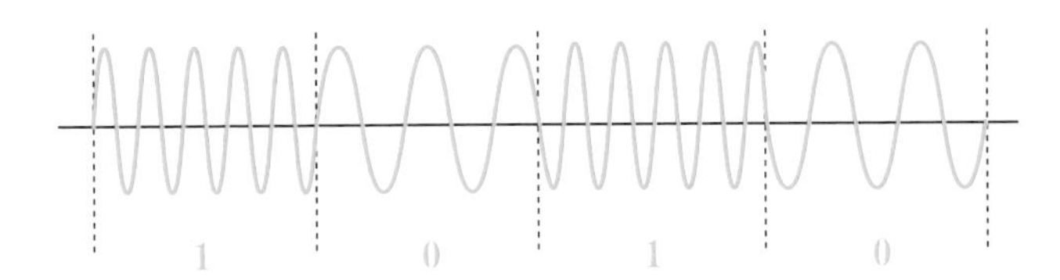

この方式は周波数変調FM (Frequency Modulation) と呼ばれます。FMラジオはこのように周波数に情報を与えています。

FMを使ってもっと周波数の刻みを細かくして、例えば下のように4段階にして、0,1,2,3という4つの情報を送ることもできます。

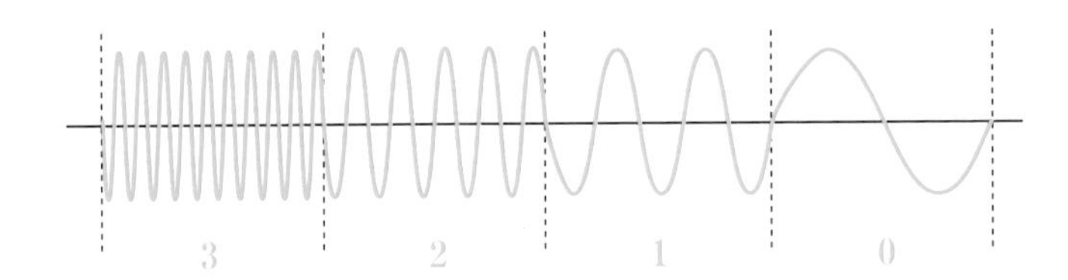

最後が位相変調PM（Phase Modulation）と呼ばれる方式です。これは位相に情報を与える方法です。

位相変調はやや難しい概念なので、詳しく説明します。次ページの図に、A,B,C,Dの波があります。これは振幅も周波数も同じです。ですが、波がずれていることがわかるでしょう。この波の繰り返し内の場所のことを位相と呼んでいます。

この図ではAを基準として、同じ点を点○で示しました。1周期は図で示した部分ですから、Aに対して$\frac{1}{4}$周期ずつ遅れている波がB,C,Dになります。Dからさらに$\frac{1}{4}$周期遅れると1周期の遅れになるので、Aと重なることになります。

波は三角関数で表わされることが一般的です。ですから、波の位相は角度で表わします。つまり、1周期を360°とするので、半周期の遅れは180°の遅れ、$\frac{1}{4}$周期の遅れは90°の遅れと表現します。角度は弧度法（93ページ参照）が使われることも多いので、この場合は1周期が2π、半周期はπ、$\frac{1}{4}$周期は$\frac{1}{2}\pi$と表現されます。

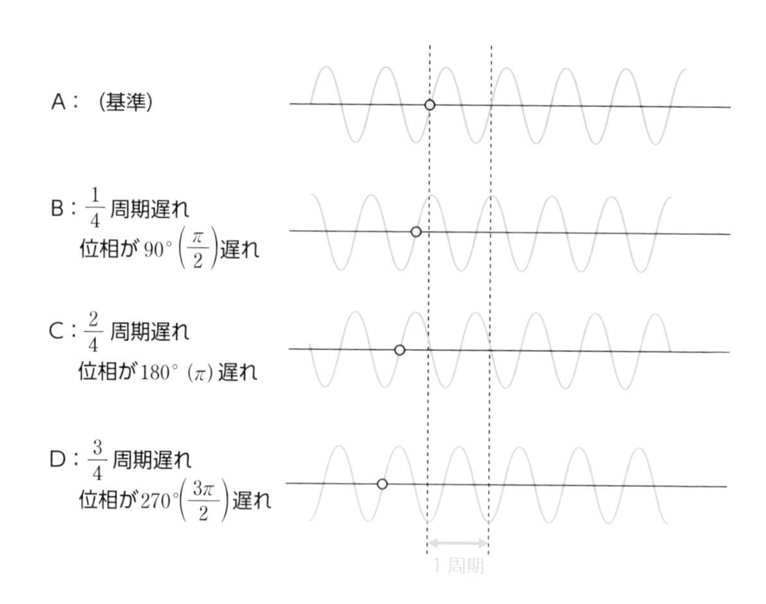

それでは位相を変えた波で情報を送ることを考えましょう。0と1を表現する場合は、次のように半周期異なる2つの波を使います。この場合位相が180°変わっているので、ある波とそれを反転した波で0と1を表わすことになります。

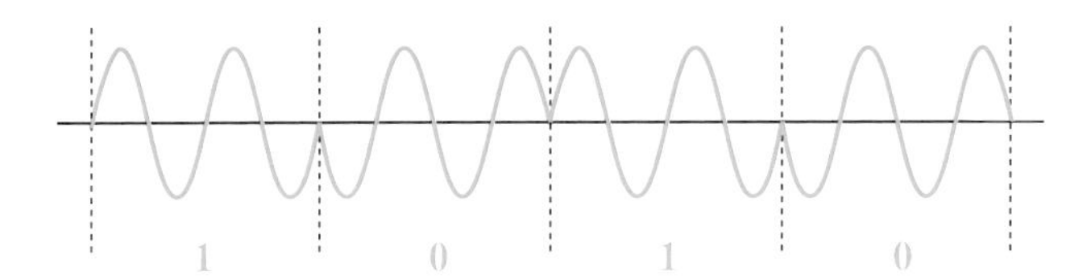

PMでも、位相の刻みを細かくして情報を送ることができます。この場合、下のように位相が90°ずつ異なる（$\frac{1}{4}$ずつ周期が異なる）波で0,1,2,3を関連づけます。

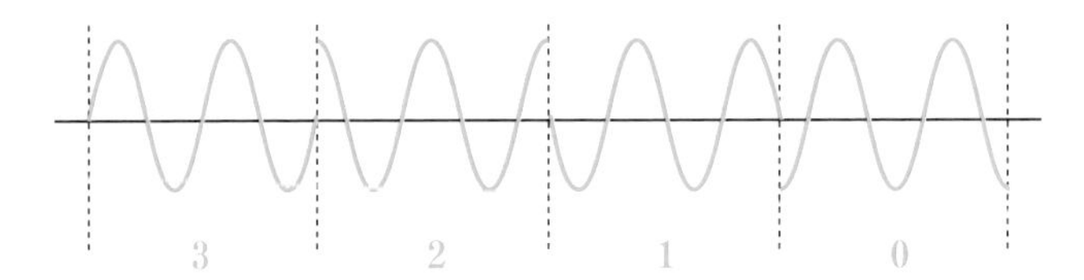

そして、振幅変調と位相変調（周波数変調）を同時に使って、より多くの情報を送ることもできます。例えば下のよう振幅が大きい波と小さい波、そしてある位相の波とそこから180°位相を変えた波を組み合わせます。

振幅の0,1（2つ）と位相の0,1（2つ）を組み合わせて、0,1,2,3（4つ）の情報を送ることができるわけです。

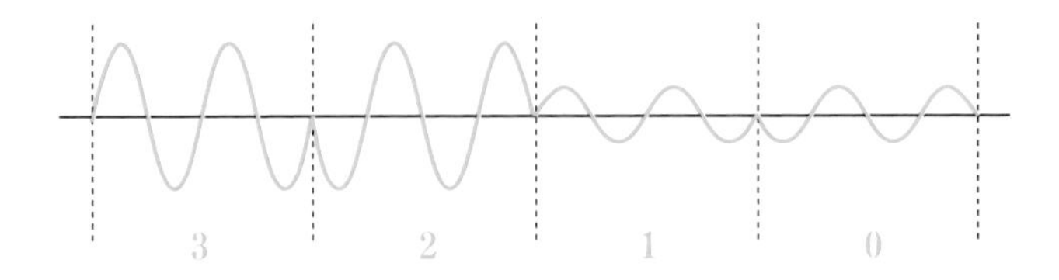

現在はテレビ放送はデジタル化されていますが、デジタル化以前は電波

の振幅に映像の情報、周波数に音声の情報をのせていました。このように変調を組み合わせることにより、より多くの情報が送れるのです。

なおFMとPMは同時に使うことはできません。携帯電話の通信方式では、FMよりPMの方が通信効率を高めやすいのでPMが使われています。

実際には、携帯電話では通信効率を高めるために位相変調と振幅変調を組み合わせたQAM（Quadrature Amplitude Modulation）という方法が広く使われています。

このQAMの通信方法を表現する時に、コンスタレーションという図が使われますので、この図を説明します。この図の横軸はI軸（In Phase）、縦軸はQ軸（Quadrature Phase）と呼ばれます。

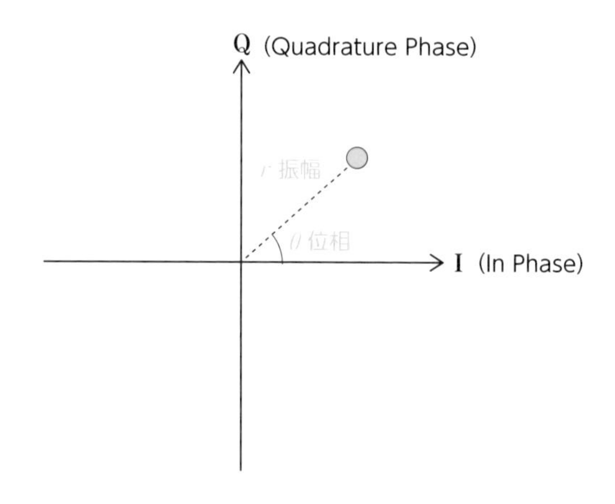

このI－Q図はまさに複素平面を表わしています。

そしてこの図によって位相変調と振幅変調の組み合わせを説明できます。図で、原点からの距離が振幅、x軸の正の方向とある点への直線が作る角が位相を表わしています。

少しわかりにくいと思うので具体的に説明します。下の図のx軸上でBの点はAの点の倍の距離にあります。x軸との角度は0°で同じですから、これは位相がそろっていて振幅の違う波になります。

次にAとCを比較します。これらは原点からの距離は同じですが、Aの角度は0、Cの角度は90°ですから、図のように振幅が同じで位相が90°遅れた波を表わします。

なお、Dの点はC点から見て、逆方向にあります。つまり、振幅を-1倍したもので正負が逆の波形になっているのです。

また、見方を変えるとC点から180°位相が遅れているとも言えます。これも正しくて、180°位相が遅れるということと符号を反転させることは同じことを表わしているわけです。

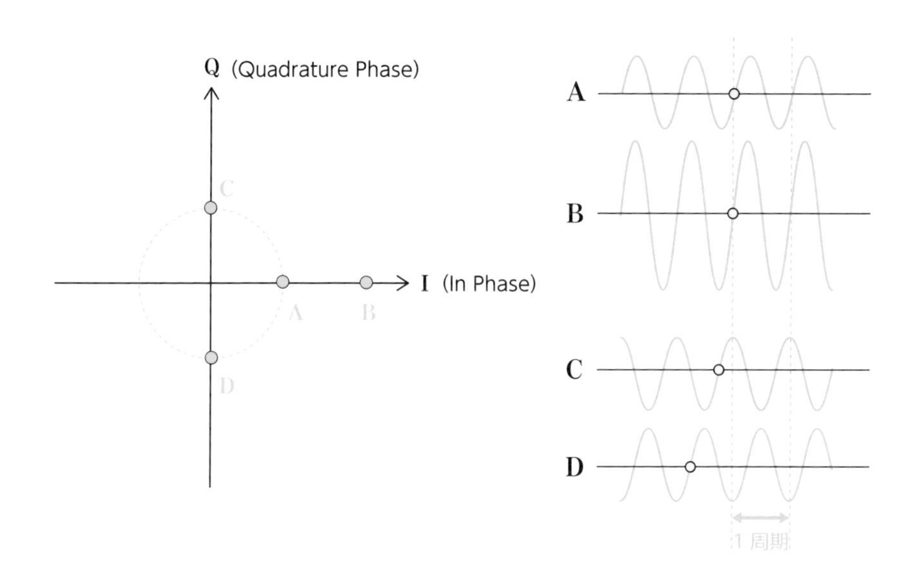

これがコンスタレーションという図です。あるQAMの通信を考える時、この図中の点が多いほど、一度に多くの情報を送ることができます。

つまり、点が4つだと、一度に0,1,2,3の情報しか送れませんが、点が16だと一度に0,1,2,……,15の16の情報を送れるわけです。後者の場合は前者の4倍の情報を送ることができます。

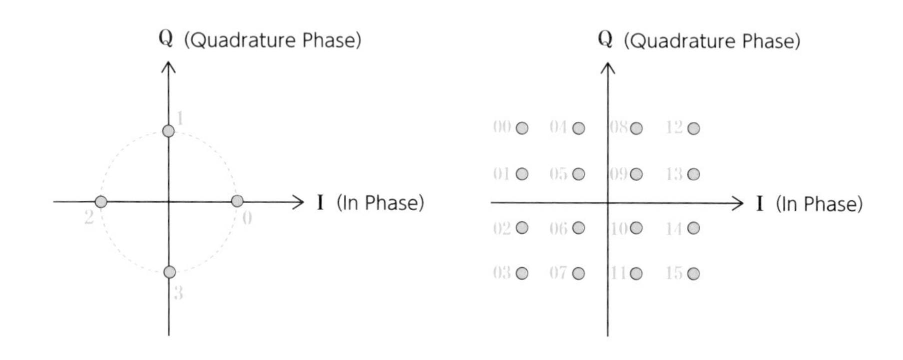

しかしながら、一度にたくさんの情報を送る場合、比較的似た波形を使うことになります。つまり、電波状態がよくないとエラーが増えるのです。

実際の携帯電話の通信では、電波状況により方式を切り換えています。つまり電波状態が悪い時は一度に送る情報量を減らして、通信速度は遅いけれどエラーは少ない方式にします。一方、電波の状態がよければ、一度に送る情報量を増やして、通信速度が速い方式に切り換えるのです。

スマホを使っていて、場所によって通信速度が速かったり、遅くなったりするのを経験した人は多いでしょう。それはこのように自動的に最適な通信速度をスマホが選んでいるからなのです。

5Gと呼ばれる通信方式では、このシンボル数が4,16,64,256の範囲で切り換えられています。256個のQAM変調は、16個の変調の16倍のスピードで通信が可能です。

さあ、ここまで虚数が出てきませんでしたが、実はこのコンスタレーションという図こそが複素平面なのです。この場合、この複素数を伝達することが情報を伝達することになります。

そして、このコンスタレーションの複素数から、電波の波形を作る数学的な操作が逆フーリエ変換です。

「逆」というくらいなのでフーリエ変換という方法も存在します。フーリエ変換とは下の右にある出したい波形を周波数の異なる正弦波の和で表わす方法です。そして、逆フーリエ変換とは正弦波の情報から、送信波形を作り出す方法となります。

コンスタレーションは正弦波の係数を意味しているので、それを逆フーリエ変換することにより、送信する波形が得られるわけです。

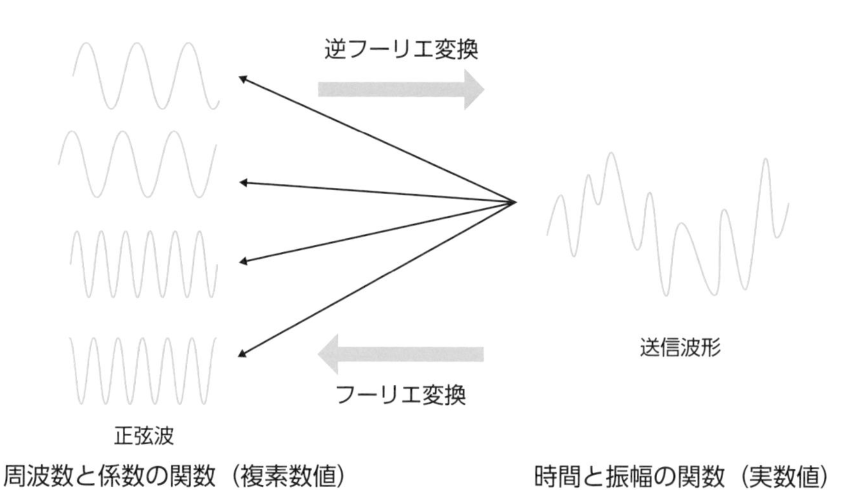

一方、電波を受信する時には、送信波形をフーリエ変換してコンスタレーションを得ます。そして、コンスタレーションを情報に変換するのです。すると、情報を受け取ることができます。

携帯電話はこのようにして、情報を伝達しています。ですから、携帯電話の通信に虚数は必須なのです。

なお、先の図にも示していますが、コンスタレーションは複素平面上の数値ですので複素数です。そして、電波の波形は時間と振幅、つまり実数値を値にとります。
つまり、逆フーリエ変換は複素数を実数に変換する、フーリエ変換は実数を複素数に変換する、と考えることができます。

ここまでの話で、複素数は2つの情報を詰め込めると説明してきました。となるとコンスタレーションは2つの情報を含んでいるということですが、その2つとは何でしょうか？
詳細は4章のフーリエ変換と虚数の関係の箇所で説明しますが、正弦波の中でもsin波とcos波を分けているからです。ある波の成分のうちcos波に関連する部分を実数、sin波に関連する部分を虚数に対応させています。 だから、複素数を使う必要があるわけです。

ちなみにこのフーリエ変換はなかなか複雑な演算です。しかし、このように携帯電話で情報を送る時には頻繁にこの計算を行なわなくてはなりません。ですから、この計算を早くするほど、携帯電話が速く動作することになります。
フーリエ変換を早く解くための方法（アルゴリズム）はFFT（Fast Fourier Transform）と呼ばれ盛んに研究が行われていて、日々進歩しています。数学の研究が我々の便利な生活に直接役立っているわけです。

2－4 量子力学における虚数の役割

次に量子力学における虚数の役割です。最初に言うと、量子力学においては虚数の「波」を表わす性質が使われています。

量子力学は非常に難解な学問です。その本質を端的に表わすとすると「物体は粒子と波の両方の性質を持つ」と表現するのが適切でしょう。この「波」の性質を表わすために虚数が使われているわけです。

これから、理解を深めるために量子力学という学問自体について少し説明します。前述したように、量子力学の世界では物体は粒子と波の性質を合わせ持ちます。電子といった粒子的な挙動を示す物体が波の性質を持ったり、波だと思われていた光が粒子の性質を持ったりします。

これは、我々の想像をはるかに超えた世界です。簡単に理解できるものではありません。しかし、この効果は非常に微小な世界でしか観測されませんので、多くの場合は大きな問題ではありません。

ということで、人間のスケールの大きさの世界では粒子は粒子として扱って問題ありません。厳密にはニュートン力学は量子力学の物質が大きい極限での近似理論なのですが、そのニュートン力学でも十分なわけです。

同様の例として、アインシュタインの相対性理論があります。物体が光の速度に近づくと時間の流れが遅くなったり、物体が縮んだりと、信じられないような現象が起こるという理論です。

しかし、人間の世界では速度は光速より十分に小さいので、そんなことは考慮しなくても、十分な精度で運動を予測できるわけです。

ただ、量子力学が役に立たない学問かというとそうではありません。なぜなら、現代社会には欠かせない電子回路の利用に量子力学が深くかかわっているからです。例えば、モーターを動かしたり、電波を飛ばしたり、CPUで演算をしたりと電子回路は現代社会で広く使われており、なくてはならないものとなっています。その中で、電流の本質は電子の流れです。電子は量子力学でないと表現できないほど微細であるため、電子回路の理論には量子力学が深く関わってくるわけです。

それでは量子力学が適応されるのは、どのくらい微細な世界なのでしょう。それは電子や原子核のスケール以下と考えるのが一般的です。

物体を細かくしていくと、最終的に「原子」から成るということはご存知だと思います。ただ、この原子より細かい粒子は存在しないのか？　と言えばそうではありません。原子は原子核と電子から成っています。そして、原子核は陽子と中性子と呼ばれる粒子で構成されています。この電子や陽子、中性子のレベルの微細さになると、量子力学的な効果、つまり波としての性質が顕著に表われてくるのです。

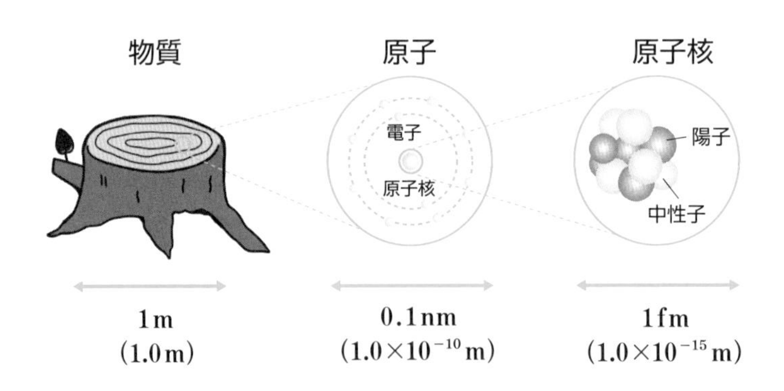

前置きが長くなってしまいましたが、これでようやく虚数の登場です。この微小な物質の「波」としての性質を表わすのに、虚数が使われているということです。さて、量子力学における波とは何を表わすか、それは「物

質の存在確率」です。

例えばカップアンドボールというマジックをご存知でしょうか。下のように、カップでボールを被せて、ボールが消えたり、カップの間を移動したりするマジックです。どのカップにボールがあるのか、見ている人が当てたりして楽しみます。

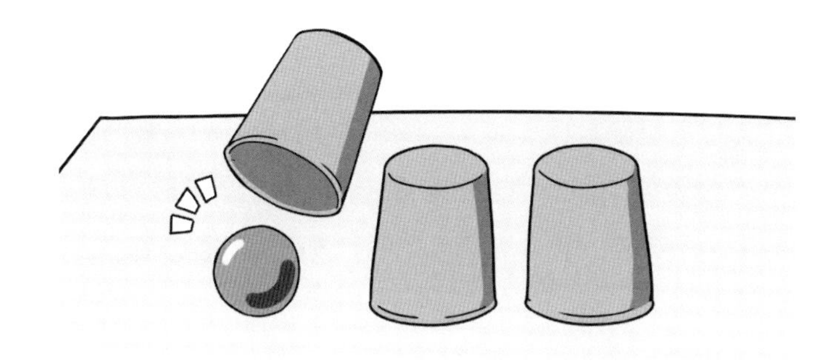

このマジックを全くトリックなしに行なったことを考えます。つまり、1つのカップの中にボールを入れて、テーブルの上に複数のカップを置いている状態です。

この時、どのカップにボールがあるかは誰も知りません。やっている本人さえわかりません。しかしながら、この時点でどこにあるかは明確に決まっています。誰も知りませんが、決まってはいるのです。

当たり前と思うかもしれませんが、量子力学の世界ではこれが明確に定まりません。このような操作を行なったときに、ボールが右にあるか左にあるかは見てみるまで確定しないのです。

先ほどのカップアンドボールのように、決まってはいるけれど、人間にわからないのではありません。量子力学の世界では、本質的に確定していません。そして、観測した瞬間（カップアンドボールの例えだとカップを上げた瞬間）に、どちらかに定まるのです。

この話を聞いて「全く意味がわからない」という方も多いと思います。
我々の世界とはあまりにも常識が違うので、簡単には受け入れられないかもしれません。しかし、これは多数の科学的な再現性の高い実験に裏付けられたこの世の真理なのです。

この時にどのカップに入っているのか、その確率を表わすのが「確率波」と呼ばれる波です。その波を表わすために虚数が使われています。
量子力学における基礎方程式はシュレーディンガーの波動方程式と呼ばれます。これは物質のふるまいを示す「波」を解とする微分方程式（115ページ参照）で、その波が虚数を使った形で表わされるのです。

そして、この虚数は今まで、電子回路における交流（インピーダンス）のように波を虚数で扱った形と本質的な違いがあります。今までの波は虚数部分は存在しますが、結局は実数部分のみを相手にしていました。
フーリエ変換の数式には虚数が出てきますが、結局は実数のみの関数になります。また電子工学におけるインピーダンスを、複素数を使って表現したフェザー表記は、最終的に実数部のみを取り出し、虚数部は意味がないと捨ててしまいます。
しかし、量子力学における虚部は本質的であり、これがないと物質のふるまいを表現することはできないのです。つまり、物質の存在する確率を表わす「確率波」は虚数を使うことではじめて、数学的に表現できます。

それでは、この虚部は一体何を表わしているのでしょう。
実はそれは誰にもわかっていません。あのアインシュタインでさえも理解することができませんでした。量子力学の基礎方程式を作ったシュレーディンガーも同じです。現代にいたるまで「量子力学の解釈問題」と呼ばれ、答えは出ていません。

ただし、イメージすることはできなくても、虚数を含む「数学」という武器によって、それを記述することができてしまうわけです。そして、その結果として、人間は電子回路の利用という果実を手にしました。

例えば、先端物理学の一分野である超弦理論は私たちが日常的に経験する3次元の空間と1次元の時間を超えた、多次元の宇宙を示しています。10次元と言いますが、我々は4次元であっても感覚的に理解できません。

また「車いすの物理学者」として知られたスティーヴン・ホーキングは宇宙の始まり（ビッグバン）には虚数の時間が存在したという説を発表しました。実数の時間しか存在しなかったとすると、ビッグバンの時が特異点と呼ばれる数学で扱えない点となってしまいます。しかし、虚数時間が存在すれば、特異点なしに宇宙の始まりを説明できるのです。

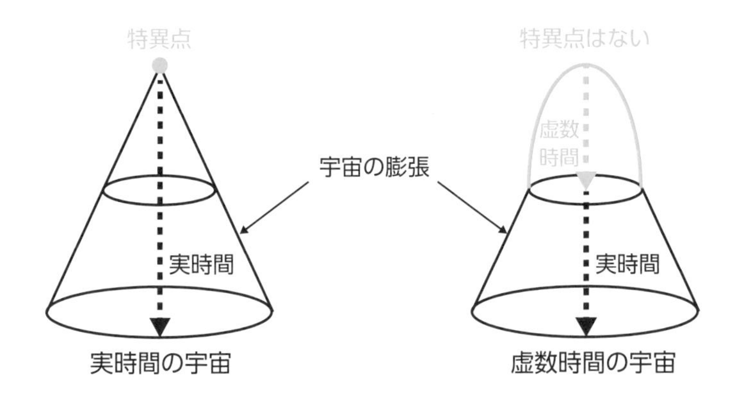

そんな人間には理解しえない世界であっても、数学によってそれを扱うことができます。私たちが直感的に理解できない複雑なコンセプトを理解するツール、それこそが虚数の役割なのです。

2-5 CGと虚数

複素数により次元を拡張することができます。だから、1章で説明したように実数だと直線しか表わせないのに対して、複素数だと平面、つまり2次元の世界も表わすことができます。

そして、複素数を拡張した四元数（クォータニオン）というものを使うと3次元空間も表現することができるようになります。

詳しくは5章で説明しますが、四元数とはiだけでなく、i, j, kと3つの虚数単位を持つ数です。

そしてこの四元数はゲームやアニメーションのCGで使われていたり、ドローンやロケットの姿勢の制御に使われていたりします。ここではその四元数について説明したいと思います。

数式の部分は理解できなくても感覚をつかめるように書いていますので、ぜひ最後まで読んでみてください。

実は、物体の姿勢を表わすための方法は四元数だけではありません。他の方法もありますが、その長所短所を考えて、四元数が選ばれているわけです。ここでは他の方法との比較で示したいと思います。

ここでは飛行機を例にして説明します。この飛行機の姿勢を表わす方法がいくつかあります。1つはロール・ピッチ・ヨーと呼ばれる角度で指定する方法です。これはオイラー角と呼びます。

これは人間には最もなじみのある表現で、飛行機の計器などでも使われる表現です。水平に対し3つの角度を指定することで、姿勢を表現するわけです。

この場合それぞれの角度を指定するので、計3個の数字が必要です。

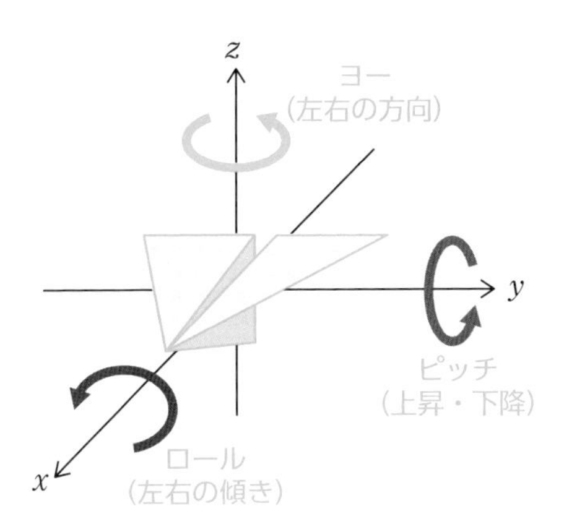

2つ目は行列による指定方法です。これはある姿勢の飛行機に対応する、3つのベクトルによって姿勢を表現します。行列を使う場合は絶対座標に対して、今飛行機がある座標系の直交軸を指定します。

この方法では3つの直交する3次元ベクトルを使用するため、3×3の行列で表現されます。つまり合計で9個の数字が必要になります。

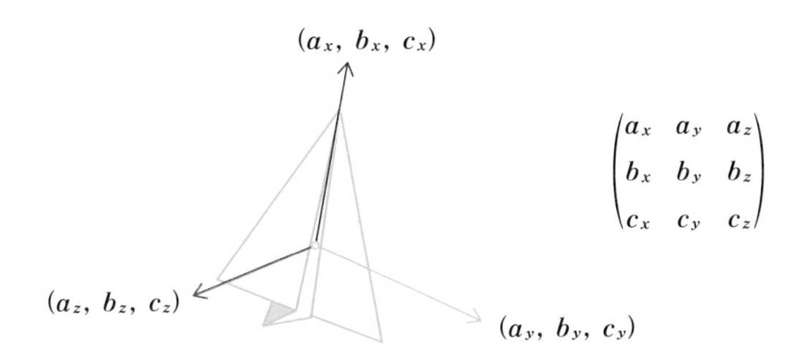

最後が四元数を使う指定方法です。四元数を使う時には、飛行機の進行方向を表わす3次元ベクトルと、その方向に対して回転した角度を指定します。進行方向のベクトルだけではその軸周りの状態は区別できませんので、この角度が必要となります。

ということで、四元数の場合は姿勢を表わすのに4つの数字が必要になります。

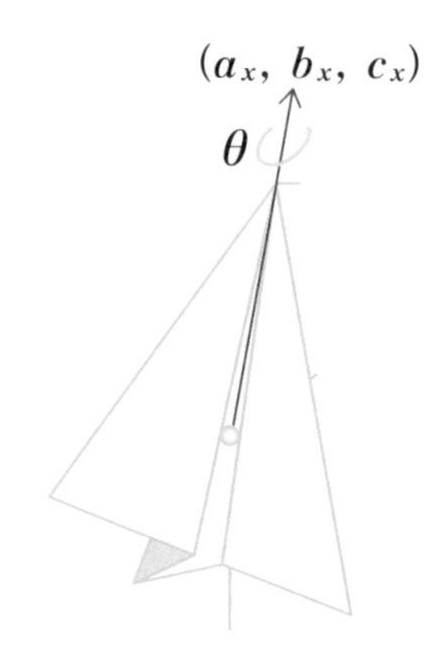

この3つの方法を下記にまとめてみました。重要な視点はパラメータの数、補間の可否、人間にとってのわかりやすさです。

	四元数	オイラー角	行列
パラメータ数	△ 4個	○ 3個	× 9個
わかりやすさ	×	○	×
特定の姿勢を 表現する数値	△ 2つ存在	× 多数存在	○ 一意的
絶対空間と 相対座標の回転	× 不可	× 不可	○ 可
補間	○ 可能	× 不可	× 不可

この中でオイラー角は必要な数字が一番少なく、人間にも理解しやすい方法です。人間に理解しやすいことは重要で、例えば航空機を操縦している時に、オイラー角だと簡単にパイロットが機体の状態を把握できます。しかし、四元数や行列だと、ぱっと見で判断することは難しいでしょう。

ということで本当はオイラー角を使いたいところです。しかし、一意性が確保されていないという大きな問題点があります。つまり、同じ姿勢を表わすために、有効な3つの角度が多数存在するので、ややこしくなるのです。

また、それに起因した問題も発生します。

例えば図のようにピッチの回転角が90°だと、ロールとヨーの回転軸が同じになってしまいます。この時、回転軸が2軸になって特定の方向への回転ができなくなります。この現象をジンバルロックと呼びます。

なお、ジンバルロックは2次元の図で理解するのはなかなか難しいので、理解されたい方は3Dの描画が可能なソフトを使って、回転させてみてください。

ピッチが90°となる（真上や真下を向く）と
ロールの回転とヨーの回転が重なる

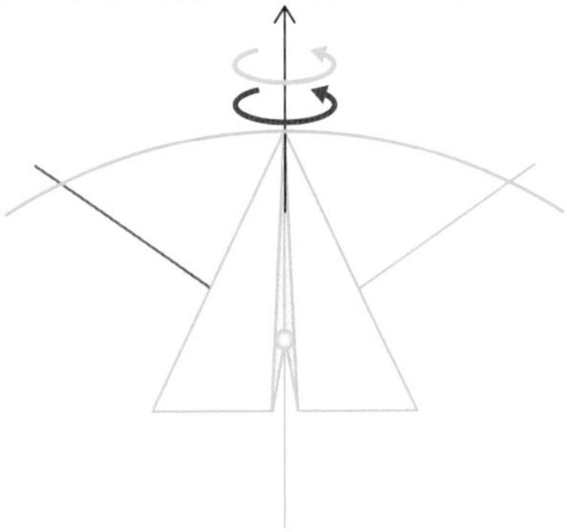

オイラー角はこの問題から、関数の補間を行なうことが難しいのです。補間とは、ある姿勢からある姿勢に変化するまでのコマを滑らかにつなぐことです。つまりアニメーションのように、ある姿勢から違う姿勢に変化するまでの遷移を滑らかに描写することになります。当然、これは3D動画を作る際には重要になってくることは理解できると思います。

補間ができないと、3Dゲームにおいて向きを変えた時に、その間の画像がスムーズになりません、これはゲームにとっては致命的な問題でしょう。

そこで使われるのが四元数です。四元数はオイラー角で課題であった補間がスムーズに行なえます。だから3Dグラフィックスにおいて、視点の移動がスムーズに行なえるわけです。

4つの数字が必要なので、オイラー角よりはコンピュータのメモリを圧迫したり、計算速度が遅くなったりというデメリットはあります。しかし、スムーズな補間が可能というメリットは、それを補ってあまりあるものなのです。

複素数（2次元）を使用する場合、回転を表わすためには、絶対値が1で中心角がθの複素数を乗算します。これで複素平面上で、ある点を原点周りでθ回転させる操作が可能になります。

四元数を使って空間（3次元）での回転を表わすためには、ある四元数を左右からかけます（詳細は6章参照）。これによって、任意の軸（x, y, z）周りに、ある点をθ回転させる操作が実現できるのです。

●四元数を用いた3次元座標の回転

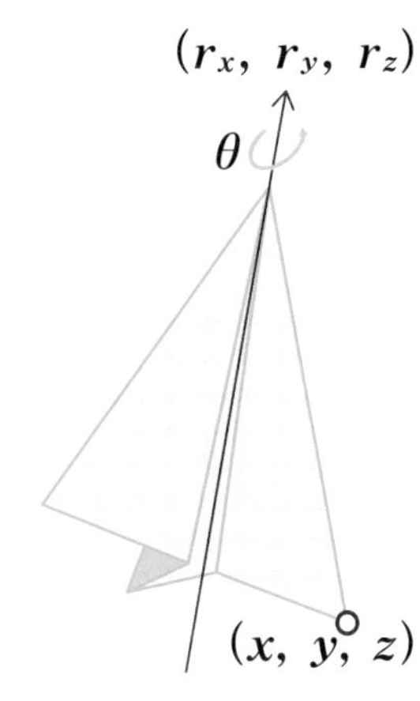

①3次元座標(x, y, z)を四元数$p = xi + yj + zk$と置く

②回転軸$r(r_x, r_y, r_z)$に対して$(|r| = 1)$

角度θ回転する四元数qを下式により計算する

$$q = \cos\frac{\theta}{2} + ir_x\sin\frac{\theta}{2} + jr_y\sin\frac{\theta}{2} + kr_z\sin\frac{\theta}{2}$$

③回転後の座標を表わす四元数$p' = qp\bar{q}$を計算する

④$p' = x'i + y'j + z'k$から、回転後の3次元座標(x', y', z')に変換する

この四元数の方法も簡単とは言いづらいかもしれません。しかしながら、3次元の回転を数式で表わすことは本質的に複雑なことです。オイラー角を使って、回転行列で回転させると下のような演算が必要となりますので、これよりは四元数の方が簡単であることがわかるでしょう。難しそうに見えても、四元数の方法は相対的に簡単なのです。

$$\begin{bmatrix}\cos z & -\sin z & 0\\ \sin z & \cos z & 0\\ 0 & 0 & 1\end{bmatrix}\begin{bmatrix}\cos y & 0 & \sin y\\ 0 & 1 & 0\\ -\sin y & 0 & \cos y\end{bmatrix}\begin{bmatrix}1 & 0 & 0\\ 0 & \cos x & -\sin x\\ 0 & \sin x & \cos x\end{bmatrix}$$

$$=\begin{bmatrix}\cos(y)\cos(z) & \sin(x)\sin(y)\cos(z)-\cos(x)\sin(z) & \cos(x)\sin(y)\cos(z)+\sin(x)\sin(z)\\ \cos(y)\sin(z) & \sin(x)\sin(y)\sin(z)+\cos(x)\cos(z) & \cos(x)\sin(y)\sin(z)-\sin(x)\cos(z)\\ -\sin(y) & \sin(x)\cos(y) & \cos(x)\cos(y)\end{bmatrix}$$

行列における記述はパラメータが9個と多いです。だから四元数と比べて、計算速度がかなり遅くなり、コンピュータのメモリの消費量も増加します。

　だから、使いにくくはありますが、絶対座標とその物体の相対座標の回転が可能など、ある操作においては便利なことがあります。その場合は四元数を行列に変換して、操作することもあります。

　この3つの方法は式により、相互に変換することができます。だから、CGグラフィックなどでは、基本的に四元数で扱って、必要な時にオイラー角や行列に変換する、という使い方が普通です。

　いろいろと特徴を説明してきましたが、四元数を使う一番のメリットは滑らかな補間が可能となることです。四元数を使うとなめらかな3Dグラフィックスを利用できたり、飛行物の姿勢制御が迅速に行なえるわけです。ですので、3DゲームやCGアニメーションなどに四元数が使われています。

　3Dグラフィックだけでなく、飛行機やロケットの制御にも四元数が使われています。飛行機やロケットを安定して飛ばすためには、速やかなフィードバックが必要です。そのために四元数が便利なのです。

　このように複素数を拡張した四元数は現代のテクノロジーに必要不可欠な技術となっています。

虚数を学ぶための基礎

KYOSU FUKUSOSU

Chapter

1章、2章で虚数がどのようなものなのか？　どんな風に世の中の役に立っているのか感じていただけたと思います。少なくとも、ここを読んでくださっている方は虚数に興味が湧いてきたのではないでしょうか。

3章では少し数学の話をしたいと思います。まずは、虚数がどんな背景で登場したのか。そして、虚数の性質を理解するための基礎的な事柄についてお伝えしたいと思います。

3－1 自然数から実数まで

数学は未知の領域へと拡張していく学問です。例えば、数は自然数、負の数、有理数へとどんどん広がっていきました。

最初は指で数えられる1、2、3、……といった自然数で始まります。それが負の数や有理数、そして実数へとどんどん未知の数をとり込んでいくわけです。

この本のテーマである虚数も数が拡張された先に登場したものです。ここでは自然数から虚数までの、数学の世界における数の拡張の流れについて説明したいと思います。

最も原始的な数は自然数です。1、2、3、……と続く数ですね。これは指で数え上げられる数とも表現できます。人間の指は両手で10本しかありませんが、例えば石とか、葉っぱなど、モノを使って、数を対応させることができます。

生物として、数が理解できると生存に有利になります。例えば5個の実がある木と10個の実がある木、どちらに登るかと言えば、10個の実がある木に登った方が有利です。このように数の概念を知ると、生存に有利な行動がとれるようになります。

数の概念は人間だけが持つものかというと、実際はそうでもありません。多くの哺乳類や鳥類、昆虫などの生物も、数の概念を持っているという研究結果があるようです。ただ、それは自然数にとどまり、その先の拡張ができるのは、やはり人間だけのようです。

人間は、数に対して演算を考えるようになります。まずは足し算です。

3個の果物と2個の果物を一緒にすると、5個の果物という計算ができるようになります。

次にかけ算です。3個の実がなっている木が4本あると、実は全部で12個です。そんな計算もできるようになります。

今までの話は全て自然数の中だけの話です。ですから、例えば石を対応させることによって、数を数えることができます。下のように直線にならべた1、2、3、……、という点によって対応づけられるわけです。

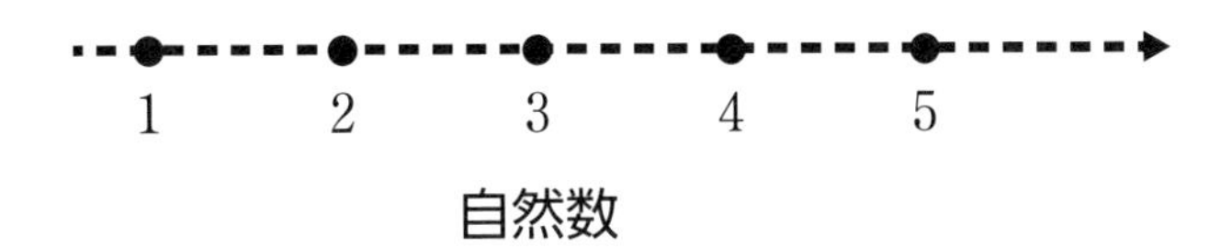

自然数

次は引き算という演算の話に移ります。引き算の場合、例えば3個の果物から2個を引く、という場合は問題なく1個と計算できます。しかし3個の果物から3個を引くという時はどうでしょうか。この場合は何も無くなってしまいます。

数学では、この状態を0（ゼロ）とするようにしました。0はインドで発明された数字と言われており、これを使うことで10進法の位取りを使って、大きな数まで簡単に表わせるようになりました。そして、複雑な計算も簡単に行なえるようになります。小学校で習う筆算も、0があってこそ可能になることがわかるでしょう。

先ほどの自然数の点に0を加えると、下のようになります。

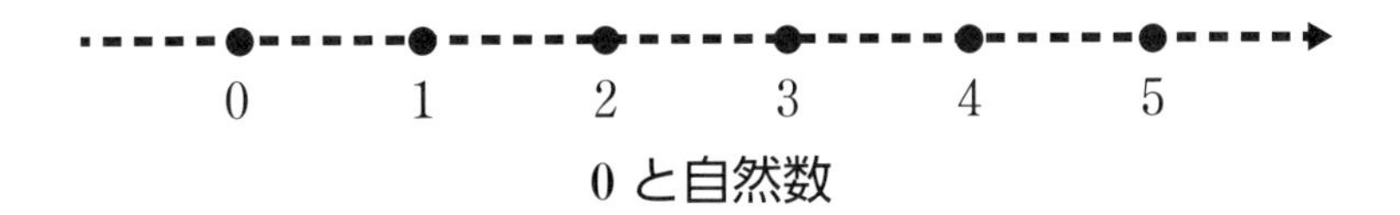

0と自然数

引き算について続けます。先ほどは3個の果物から3個取るという話をしましたが、こんどは4個取ることを考えてみましょう。結論としては、3個のものから4個取ることはできません。ですから、こんな数字を考えることに意味はないことになります。

しかしながら、それに意味を持たせられる場合もあります。例えば、次のように階段を上っていて、最初の位置（0）から3段上がった、そして5段下がったら高さはどうなるか、という問題です。

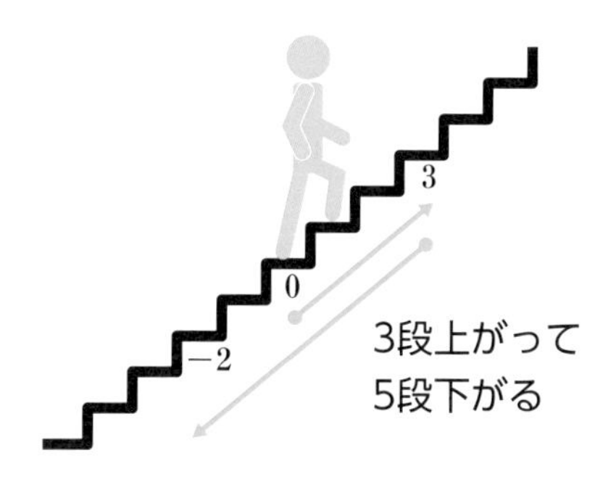

この場合は下方向に2段分下がったことになります。この状態を表わすために負の数（マイナス）を考えて、「−2」と表現することにしたのです。

自然数に0と負の数を加えて、数は自然数から整数に拡張されました。これで点は右方向（正の方向）だけでなく、負の方向にも広がるようになるわけです。

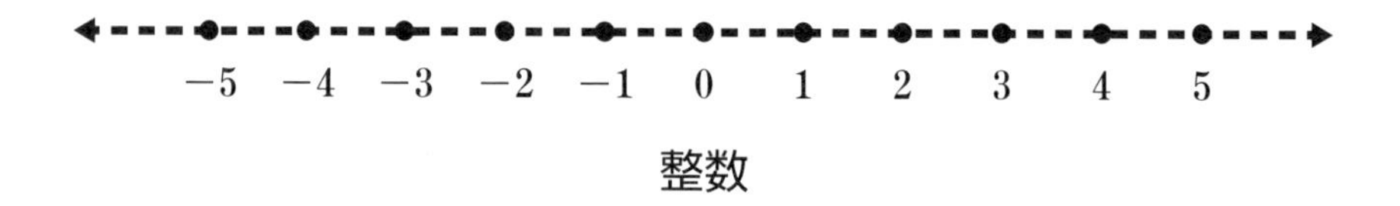

整数

次に割り算という演算について考えてみます。これは例えば6個あった果物を3人で分けると、1人あたり何個もらえるか？　という話で考えられます。この場合は$6 \div 3 = 2$で2個、と計算できるわけです。

しかし、4人で分けるとどうなるでしょうか？　この場合$6 \div 4$は割り切ることができません。$6 \div 4 = 1 \cdots 2$と1人あたり1個で、2個余るということになります。

しかし、よく考えてみれば果物は半分にするなど、分けることができます。余った2個の果物を半分に切ると4人に分けられますから、1人$\frac{1}{2}$個の果物も得られます。つまり、最初の1個と合わせて$\frac{3}{2}$個の果物をもらえるわけです。

これで数が分数にも広がりました。小数は分数を別の形式で表わしたもの、つまり基本的には分数と同等ですので、ここでは触れません。

整数に分数を加えて、数は有理数に拡張されました。これで、今までのような点が繋がって、線になります。つまり、数直線となるのです。

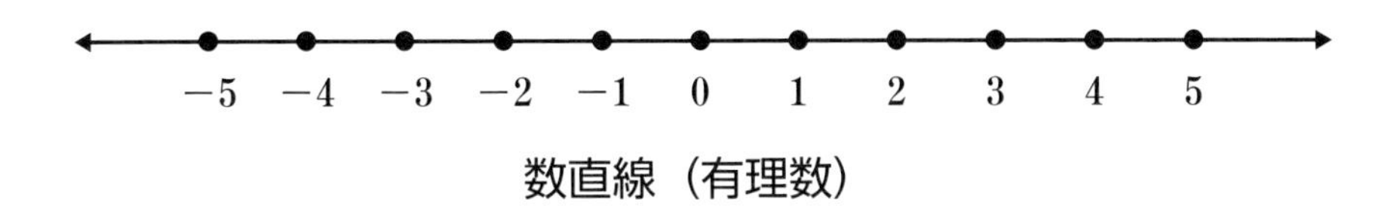

数直線（有理数）

点が線になって、これで数字の拡張は終わりか、と思うかもしれません。しかし、数はさらなる拡張を続けます。数の研究を続けているうちに、分数で表わせない数が発見されたのです。

例えば、1辺が1である正方形の対角線の長さです。これは三平方の定理（ピタゴラスの定理）から、2乗すると2になる数、ということがわかります。しかし、この数は分数では表わせないことが示されたのです。また、円の円周と直径の比の値である、円周率のπも分数では表わせません。

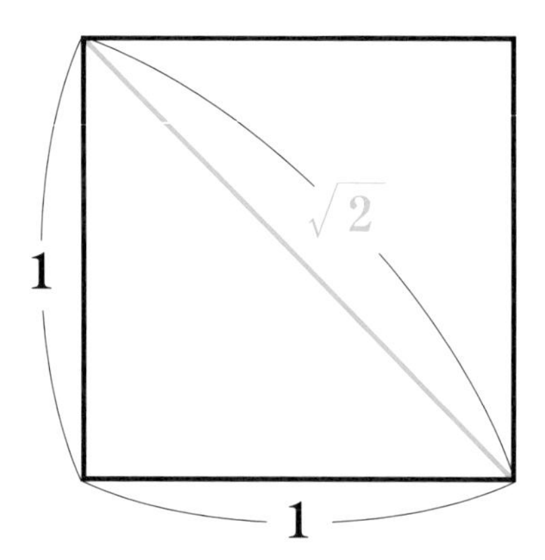

そこでこのような分数で表わせない数を無理数と呼ぶことにしました。そして、有理数と無理数を加えて、実数と呼ぶことにしたのです。

実数を図示すると、下のように数直線の一部となり、有理数と見た目は変わりありません。しかし、有理数と無理数を加えることにより、線は完全な直線となっています。

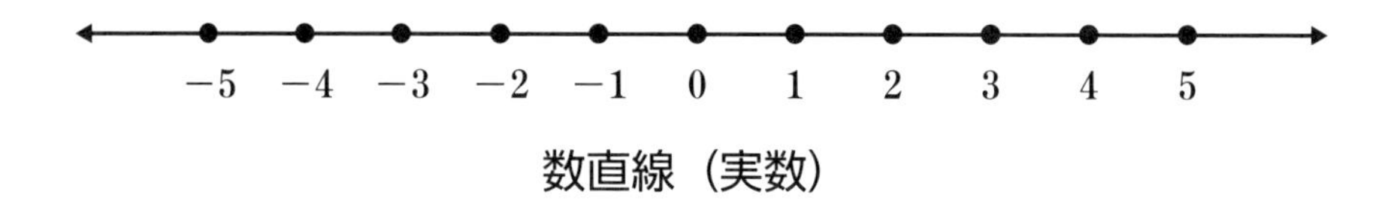

数直線（実数）

3-2 2次方程式の解から現れる虚数

これで完全な数直線が作られて、数字の拡張は終わった、と思われたかもしれません。しかし、ここで新たな問題が生じます。

下に示す2次方程式の解の公式を知っているでしょう。この歴史は古く、紀元前2000年頃の古代世界で既に知られていたと言われています。

下の式はb^2-4acが負になると、実数の範囲では解けなくなります。b^2-4acが負になるとは、例えば$x^2=-1$（$a=1$, $b=0$, $c=1$）といった、2乗して負になる数を含む方程式がこれにあたります。

$$ax^2+bx+c=0 \quad \text{ならば}$$

$$x=\frac{-b\pm\sqrt{b^2-4ac}}{2a}$$

ただ、その場合は単に「解なし」とされていて、長い間、人の関心を集めることはありませんでした。

16世紀になって、ヨーロッパの数学者であるカルダノらによって、この問題について研究され始めました。2乗すると-1になる虚数と呼ばれる数をiとすると、$x^2=-1$という方程式は$x=\pm i$と解けてしまいます。

「そんな数あるのか?」と突っ込まれそうです。実際に当時の数学者の間でも、この虚数は疑念や戸惑いを持って受け入れられたようです。

でも、先の節で紹介したように、自然数から整数に拡張するときにも、「3個の果物から4個を取る」という、不可能なことを考えています。-1個の果物なんて、この世の中には存在しません。だから、「$x^2=-1$」となるxに当てはまる数があってもよいだろうと、虚数単位であるiを定義したのです。

この虚数を定義して、実数と虚数の和を新たに複素数として定義します。

すると全ての2次方程式が解を持てるようになりました。実数の範囲では解を持たない2次方程式でも、複素数を含めると必ず解を持つのです。

後に、3次方程式、4次方程式の解の公式も発見され、複素数の範囲まで広げると、全ての3次、4次方程式が解を持つことがわかりました。

さらに、5次方程式以上の方程式についても、複素数の範囲だと、解を持つことが示されたのです。

ちなみに、5次以上の方程式には一般的には解がないと誤解されている方もいらっしゃいます。これは「5次方程式以上の方程式には『解の公式』がない」ことから誤解されているのでしょう。しかし、無いのは『解の公式』で、範囲を複素数に拡張すると、必ず解は存在します。

このように、虚数という数を仮定することにより、数学としての学問は大いに進展しました。

ただし、高さや温度など、負の数に対応する対象は簡単に見つかりましたが、虚数に対応する対象は世の中には簡単には見つかりません。ということで、虚数は数学の学問の中で発見はされたものの、実世界に意味のある、役立つものだとは考えられていなかったのです。

ということで長い間、虚数は数学上の空想だと考えられてきました。しかし18世紀中ごろになって、ある天才数学者が実世界と対応させることになります。

3－3 複素平面の発見

数学者の妄想のような虚数でしたが、ある天才数学者が画期的な発見をします。数学者であるガウスやオイラーにより、虚数（複素数）で平面を表わす研究が行なわれたのです。

先ほど、実数は数直線上で表わされることを説明しました。しかし、虚数はこの数直線上には存在しません。それならと、下のように平面にして実数の数直線（実軸）に対して、垂直な軸を虚数の軸（虚軸）としてみたのです。このガウスの工夫により、虚数と実世界との対応に成功し、虚数（複素数）は一気に注目を浴びることになりました。

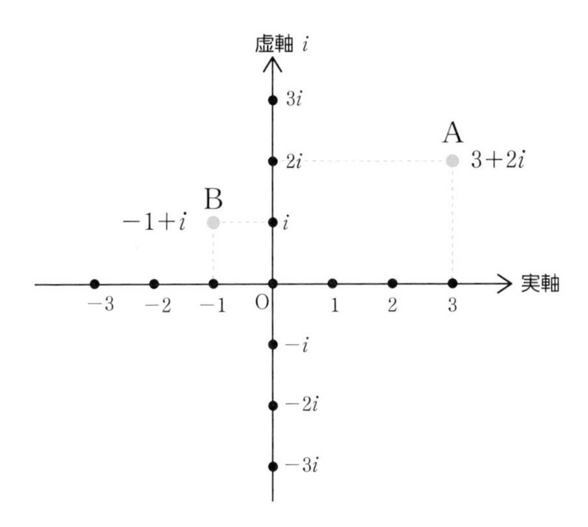

この時、実数は実軸上に存在します。一方、iや$3i$やbi（bは実数）などの虚数（純虚数）は虚軸上に存在します。そして、複素数を$a+bi$（a,bは実数）と定義すると、$a+bi$はこの平面を表わすことになります。上の図では、$3+2i$という複素数A、$-1+i$という複素数Bを複素平面に記載して

います。これは本当に革新的なことでした。

なぜなら、このような平面を考えると、今までの実数の演算に矛盾することなく、平面上で演算を可視化できるのです。

例えばかけ算を考えます。するとiをかけることは、複素平面上を90°回転することを意味します。下のように$1 \to i \to -1 \to -i \to 1$と90°を4回転すると元の位置に戻ってきます。実は複素平面上の任意の点において、iをかけることは原点周りに90°回転させることに対応しています。

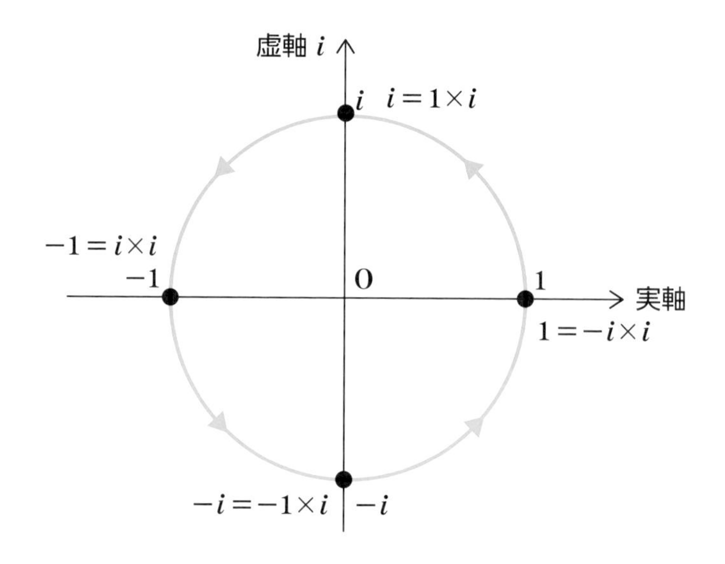

このように考えると、-1をかけることは180°回転することに対応します。負の数の計算は$(-1) \times (-1) = 1$など、マイナス×マイナスがプラスになるルールがあります。これに180°回転させる（向きを逆にする）という図形的な意味を与えられるのです。これも複素平面上の任意の点について成り立ちます。

さらに一般化して複素平面を極形式で表わすと、興味深い性質が現れます。極形式とは下のように、平面上の座標を偏角θ（横軸の正方向となす角度）と絶対値r（原点からの距離）で表わす方法です。$a+bi$で表わされる複素数は、一般的にzとされることに注意してください。

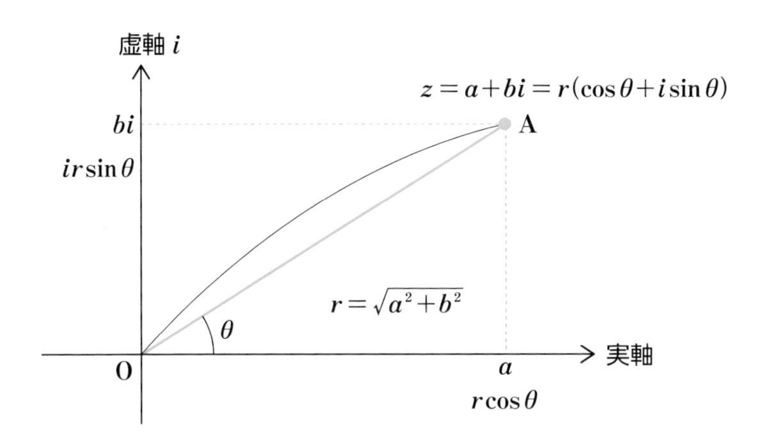

ここで、下のように2つの複素数z_1とz_2の積z_1z_2を考えてみましょう。この時z_1z_2は絶対値がz_1とz_2の積であるr_1r_2、偏角はz_1とz_2の和$\theta_1+\theta_2$となります。複素平面では原点中心の回転を、複素数の積で表わせる特長があるのです。

このように考えるとiは絶対値が1で、偏角が90°ですから、iをかけると絶対値は変えずに、原点周りに90°回転させることともつながります。

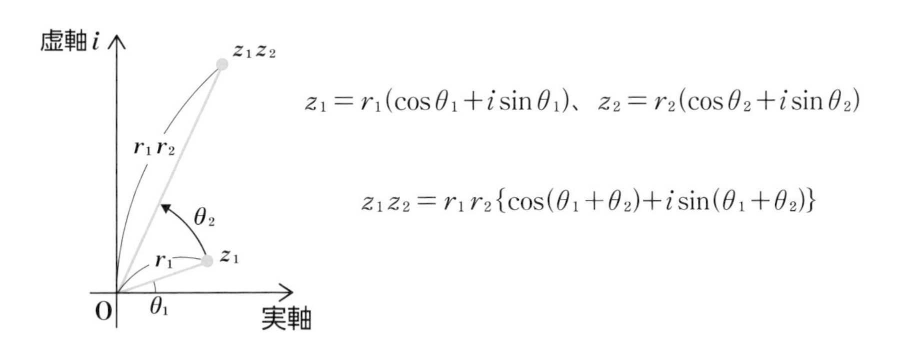

複素数で平面を表わせるということは、複素数を使って点や線、図形を表わせることになります。つまり、実体のあるものに虚数（複素数）を対応させることができるわけです。

この複素平面は、ガウスによって複素平面上の幾何学的な研究が行われ、体系化されていきました。

さらに複素平面に続いて19世紀後半には、イギリスの研究者マクスウェルやヘビサイドにより交流、つまり波を複素数で解析する方法を開発しました（2章参照）。

複素平面の発見に始まり、数学者の頭の中にしか存在していなかった虚数が一気に現実世界に現れることになるのです。

3－4 複素数の基礎

ここで複素数の計算規則やルールについて説明したいと思います。この節は数学的な話になります。高校で学ぶ複素平面を理解している人であれば、読み飛ばしてもらっても結構です。

まず、複素数の基本的事項について、あらためてまとめておきます。

虚数単位

$i^2=-1$となるiを虚数単位と呼びます。つまり、$i=\sqrt{-1}$です。

実数、虚数、複素数

$z=a+bi$（a, bは実数）で表わされる数zを複素数と呼びます。

この時aを実部と呼びます。実部は$\mathrm{Re}[z]$と表わすこともあります。

bは虚部と呼びます。虚部は$\mathrm{Im}[z]$と表わすこともあります。biではなく、b（実数）を虚部と呼ぶことに注意してください。

$b=0$であればzは実数となります。つまり、実数も複素数の一部ということです。また、$a=0$であれば（$5i$, $-\frac{4}{5}i$など）純虚数と呼ぶこともあります。

複素数の和と差

複素数の計算はiを文字式とみなして計算できます。

つまり、$z_1=a+bi$、$z_2=c+di$において次のように計算ができるわけです。この時、$i^2=-1$となることに注意してください。

$z_1 = a + bi \qquad z_2 = c + di$ （a、b、c、dは実数）の時

$$z_1 + z_2 = (a+bi) + (c+di) = (a+c) + (b+d)i$$

$$z_1 z_2 = (a+bi)(c+di) = ac + adi + bci + bdi^2 = (ac-bd) + (ad+bc)i$$

共役複素数と絶対値

複素数$z = a + bi$（a, bは実数）の虚部の符号を入れ替えた複素数、つまり$z = a - bi$をzの共役複素数と呼び$\bar{z}$で表わします。

また、$z = a + bi$について、$\sqrt{a^2 + b^2}$をzの絶対値と呼び$|z|$で表わします。

共役複素数$\bar{z}$を使うと$|z|^2 = z\bar{z} = (a+bi)(a-bi)$とも表わせます。

複素平面

実数を数直線上で表わすように、複素数を平面で表わしたのが複素平面です。発見者のガウスの名をとって、ガウス平面と呼ばれることもあります。

この複素平面の特徴を下に示します。

- 複素平面では、実部を横軸、虚部を縦軸にとります。横軸を実軸、縦軸を虚軸と呼びます。実軸をRe、虚軸をImと表わすこともあります（本書では以下Im、Reを使います）。
- ある複素数zの共役複素数$\bar{z}$は、点zと実軸に対して対称になります。
- ある複素数zの絶対値はzの原点からの距離を表わします。

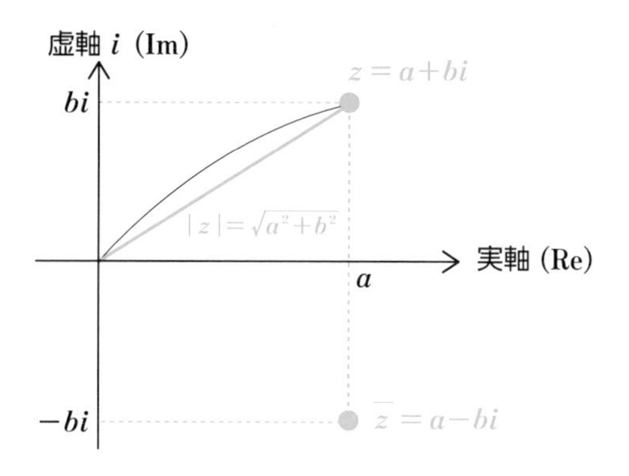

複素平面の極形式

複素数zにおいて絶対値$r=|z|$、原点と点zを結ぶ線分が実軸の正方向となす角をθとして、zをrとθで表わすことを極形式と呼びます。この時、θを偏角と呼び$\arg z$と表わすこともあります。

絶対値r、偏角θの複素数は下のように、実部は$r\cos\theta$、虚部は$r\sin\theta$の複素数となります。

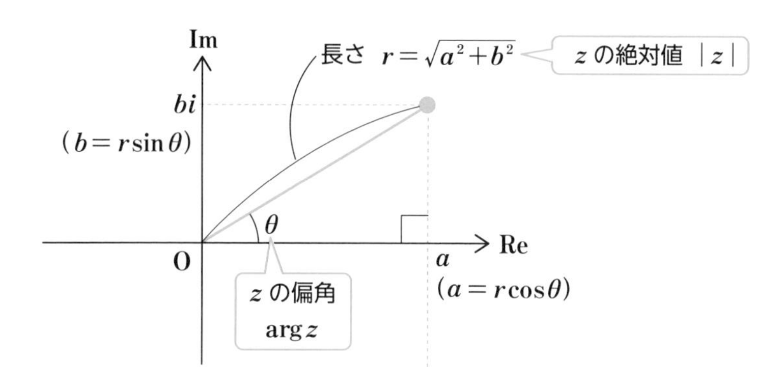

弧度法

数学の世界において角度は度ではなく、ラジアンの弧度法が使われることが一般的です。これ以降、本書中では全て単位はラジアンとします。弧度法とは図のように半径1の円の扇形の弧の長さを使って、角度を定義する方法です。

半径1、弧長 L の扇形の中心角 θ は

$$\theta = \frac{L}{1} = L[\mathrm{rad}]$$

（Lラジアン）

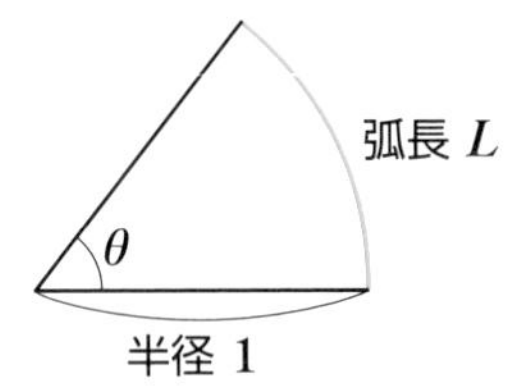

2πが360°に対応するので、θ(度) $= \dfrac{\pi}{180}\theta$(ラジアン)と換算できます。

極形式の積

極座標で表わした時、z_1とz_2の積z_1z_2は、絶対値がそれぞれの絶対値の積、偏角はそれぞれの偏角の和になります。このことは$z = \cos\theta + i\sin\theta$とした時の三角関数の計算からも導かれます。

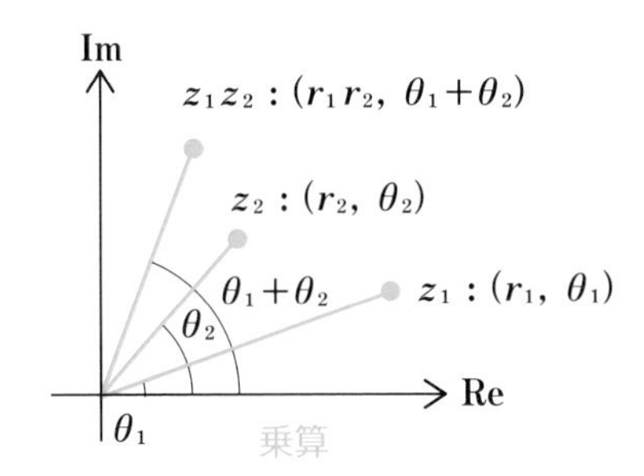

$$z_1z_2 = r_1r_2\{\cos(\theta_1+\theta_2) + i\sin(\theta_1+\theta_2)\}$$

極形式の商

積と同様に商を極形式で表わすと、z_1とz_2の商$\dfrac{z_1}{z_2}$は、絶対値がその比$\dfrac{r_1}{r_2}$、偏角はその差である$\theta_1 - \theta_2$となります。これも$z = \cos\theta + i\sin\theta$とした時の三角関数の計算からも導かれます。

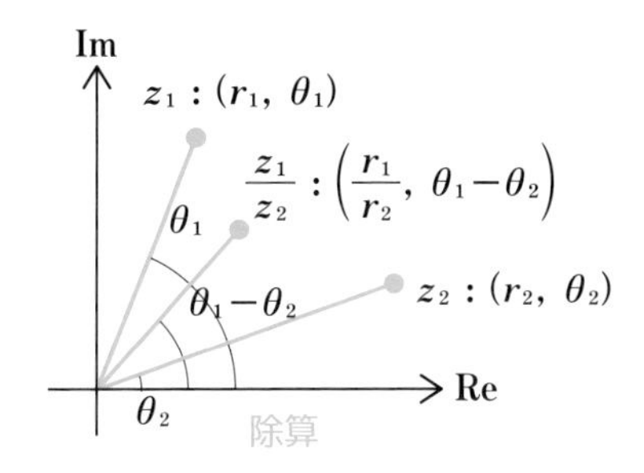

$$\frac{z_1}{z_2}=\frac{r_1}{r_2}\{\cos(\theta_1-\theta_2)+i\sin(\theta_1-\theta_2)\}$$

ド・モアブルの定理

特に絶対値が1、偏角がθの複素数$z=\cos\theta+i\sin\theta$のn乗z^nを考えると、これは絶対値が$1^n=1$、偏角が$n\times\theta=n\theta$となります。ですから、下の式が成り立ちます。これをド・モアブルの定理と呼びます。

$z=\cos\theta+i\sin\theta$のとき

$$z^n=\cos(n\theta)+i\sin(n\theta)\quad(n\text{は整数})$$

ワンポイント　複素数には大小関係は存在できない

複素数には大小関係は存在しません。正確には「実数の概念を拡張して複素数を導入すると、大小関係を矛盾なく定義することはできない」と言えばよいでしょうか。

虚数iに大小関係があると仮定すると、下記のような矛盾が生じてしまいます。

まず、iと0の大小関係を調べることにしましょう。
iと0が同じであれば、明らかに、$i^2=0$となり、$i^2=-1$となるという虚数iの定義に反します。ですから、$i<0$または$i>0$となります。

$i>0$と仮定すると、両辺にiをかけると、$i^2>0$ですから、$-1>0$　となってしまいます。これは明らかに矛盾です。

では$i<0$とするとどうでしょうか？　この時、iを右辺に移項して$0<-i$となります。ここで両辺に$-i$をかけると　$0(-i)<(-i)^2$ でやはり$0<-1$となってしまいます。
この矛盾はiに実数のような大小関係を仮定したから生じるものです。だから、iには大小関係を決めることができないのです。

ここで、複素数には絶対値があるのだから、絶対値で大小関係を決めるとよいのではないか？　と考える方もいるかもしれません。絶対値が大きい方を「大きい」とするのであれば、確かに大小関係は存在することになります。

しかし、このように読み換えた時、この定義は実数にも適用されなければばなりません。何と言っても、実数も虚部が0の複素数ですから。

この時 -4 は2より「大きい」となってしまいます。なぜなら -4 は2より絶対値は大きいです。つまり、今までの実数の大小関係と矛盾が生じてしまうのです。

数学という学問は何でも拡張しようとする、という話をしました。しかし、それは今までの定義と矛盾が生じないという前提です。例えば、指数関数や対数関数、三角関数が実数から複素数に拡張されますが、それは拡張しても矛盾が生じないからです。

実数と同じ意味の大小関係を複素数に拡張しようとすると、どうやっても矛盾が生じて不可能なのです。したがって複素数には大小関係は適用できません。

数学は拡張する学問ではあります。だから、複素数においても矛盾なく大小関係を適用できないか挑戦はしてみたでしょう。それでも、どうやっても拡張できないものも存在するわけです。

3-5 虚数を学ぶための最低限の三角関数

ここではこれからの議論に必要な三角関数、指数関数と微分積分についてお伝えしておきたいと思います。あくまで最低限ですので、もともと知識のある方が復習のために読むことを想定しています。

もし、全く三角関数や指数関数、微分積分を学んだことがなければ、他の教科書を参照して勉強してください。

三角関数は三角比を拡張したものです。三角比は下のように、直角三角形を、右側に直角が来るように置いた時の各辺の比で定義されます。

直角三角形ですので、1つの角は$90°$です。3つの角の和は$180°$であることを考えると、θとしてとり得る値は$0° < \theta < 90°$となります。

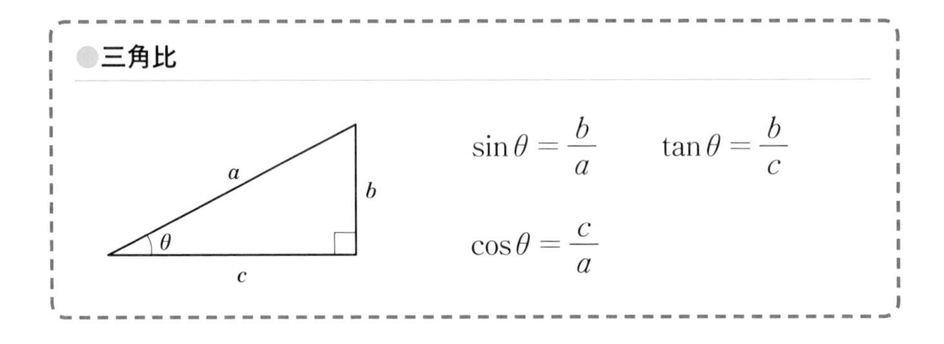

次にこのθの制限を外す、つまり全実数θにおいて三角関数を定義することを考えます。なおこれ以下は角度に93ページで示した弧度法を使います。

次のように座標上に単位円（半径1の円）上を動く点Pを考えます。この時、点Pに対して中心の角度をθとしたときのx座標、y座標の値として

$\sin\theta$、$\cos\theta$が定義されます。

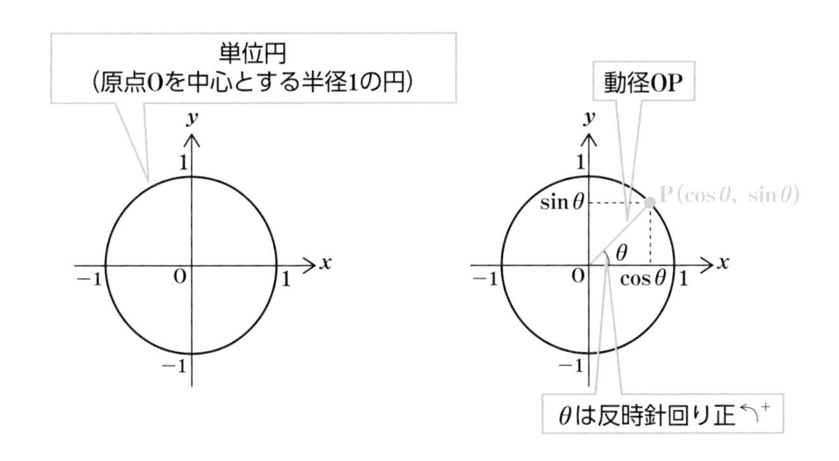

つまりPの座標が$(\cos\theta,\ \sin\theta)$となります。$\tan\theta$は$\dfrac{y}{x}$として定義できます。

そして、$2\pi(360°)$を超える部分は2回転、3回転など複数回転に対応させます。負の回転を時計回りの方向とすると、全ての実数θで三角関数を定義できることになります。

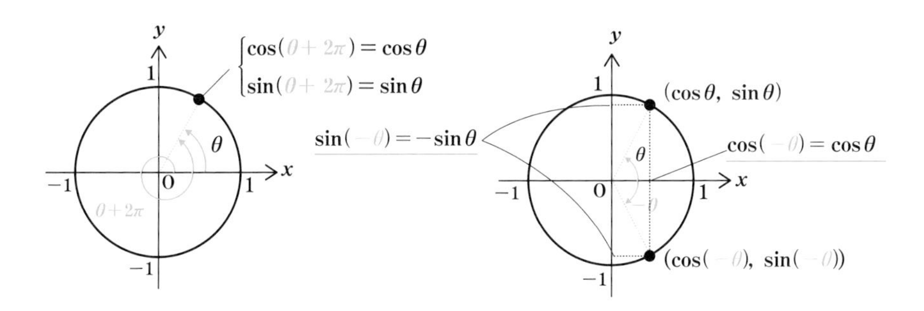

ここで$\sin\theta$と$\cos\theta$のグラフを示します。見てもらえるとわかるように、これは波そのものです。このsinやcosの波を正弦波と呼び、波を解析するときの基本となります。

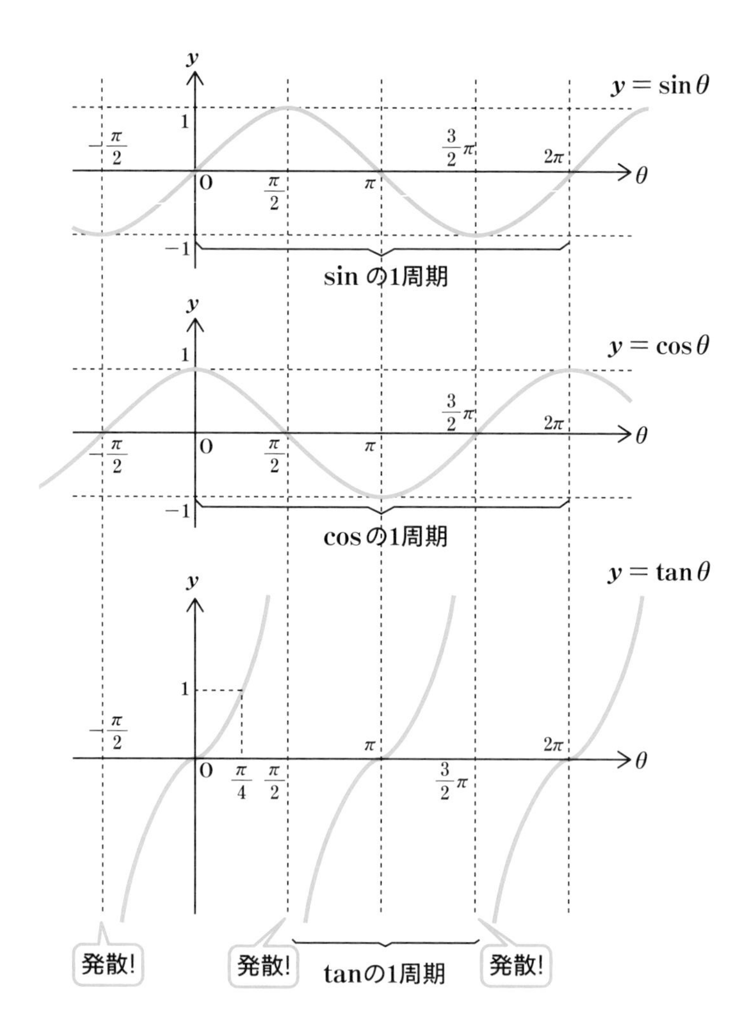

実数の世界では三角関数（cosやsin）は単位円の中心の角度とその時のxy座標と定義しました。ですから、$\sin x$や$\cos x$は-1から$+1$までの間の値しかとれません。

しかし、7章に示すように三角関数を複素数まで拡張すると、$\sin z$や$\cos z$（zは複素数）は全ての複素数の値をとるようになります。当然、全ての複素数は全ての実数を含みます。だから、$\sin z = 10$といった実数の感覚ではびっくりするような値もとることができるのです。

3－6 虚数を学ぶための最低限の指数・対数関数

次に指数をおさらいします。指数は学校では最初$2^5 = 2\times2\times2\times2\times2$のようにある数をかける回数を右上につける数で表わすものと習ったことでしょう。

この指数はかけ算を足し算、割り算を引き算にするという、下のような特徴があります。

- $a^n = a\times a\times\cdots\cdots\times a$　（aをn回かける）

  例）$2^5 = 2\times2\times2\times2\times2 = 32$
- $a^n\times a^m = a^{(n+m)}$

  例）$2^3\times2^2 = 2^{(3+2)} = 2^5 = 32$
- $a^n\div a^m = a^{(n-m)}$

  例）$2^4\div2^2 = 2^{(4-2)} = 2^2 = 4$
- $(a^n)^m = a^{(n\times m)}$

  例）$(2^2)^3 = 2^2\times2^2\times2^2 = 2^6 = 64$

複素平面のところで、ある複素数z_1とz_2の積は絶対値をかけて、偏角を足し合わせるという説明をしました。実は指数関数のかけ算を足し算にするという性質が複素数のかけ算が「偏角を足し合わせる」というところに結びついてきます。

例えば、虚数においても指数関数のこの性質が有効だとすると、2つの複素数の偏角をθ_1、θ_2として、$e^{i\theta_1}\times e^{i\theta_2} = e^{i(\theta_1+\theta_2)}$となります。これはまさに偏角を足し合わせることを意味するわけです。

指数関数の話に戻ります。先ほどの指数の定義は「かける回数」ですので、自然数でしか成り立ちません。0回とか-1回とか$\frac{1}{2}$回かけるということは考えられないからです。

しかし、数学は自然数だけでなく、実数全体に拡張しようとします。先ほど示した指数の性質を保ちながら、範囲を全ての実数に広げたのが指数関数です。

まず、全ての有理数に拡張するためには下記の3つのルールを追加します。

●ルール① $a^0=1$ （全ての数の0乗は1）

例）$3^0=2^0=5^0=1$

●ルール② $a^{-n}=\frac{1}{a^n}$

例）$2^{-3}=\frac{1}{2^3}=\frac{1}{8}$

●ルール③ $a^{\frac{n}{m}}=\left(\sqrt[m]{a}\right)^n=\sqrt[m]{a^n}$

（$\sqrt[m]{a}$ はm乗するとaになる数）

例）$8^{\frac{2}{3}}=\sqrt[3]{8^2}=\left(\sqrt[3]{8}\right)^2=2^2=4$

これで指数関数は全ての有理数まで拡張されました。

さらに、指数関数は無理数にまで拡張することができます。少し数学的に難しい議論になるので本書では概念のみ紹介します。なお飛ばしても、本書の理解には影響ありませんので、わからなくても気にしないでください。

例えば$2^{\sqrt{2}}$を定義するためには、次のような数列を考えます。

$$a_1=2^1、a_2=2^{1.4}、a_3=2^{1.41}、a_4=2^{1.414\cdots\cdots}$$

この数列が収束（ある値に限りなく近づく）すると、その極限の値a_∞が

$2^{\sqrt{2}}$となると考えるのです。実際、このように考えても今までの議論と矛盾は生じません。

これで指数関数は全ての実数まで拡張されました。

下に$y=2^x$という指数関数の例を示します。指数関数には増加速度が非常に早いという特徴があります。

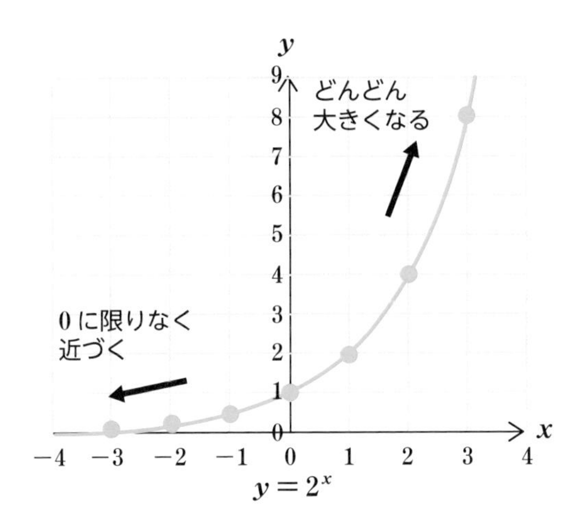

$y=2^x$

次に指数関数と対を成す対数関数です。指数は「2を3乗するとどんな値になるか?」を示す考え方でした。一方、対数は「8は2を何乗した数か?」を表わします。

この場合指数は$2^3=8$となりますが、対数ではlogという記号を用いて$\log_2 8=3$と表現します。この時の2、つまり$y=\log_a x$のaを底、xを真数と呼びます。x、y、aが実数だと、$a \neq 1$、$a > 0$、$x > 0$の条件がつきます。

ですから、指数の性質を考えると、対数には次のような性質があります。

- $\log_a 1 = 0$

  例）$\log_2 1 = 0$　$(2^0 = 1)$

- $\log_a a = 1$

  例）$\log_2 2 = 1$　$(2^1 = 2)$

- $\log_a M^r = r\log_a M$

  例）$\log_2 2^4 = 4\log_2 2 = 4$

- $\log_a (M \times N) = \log_a M + \log_a N$

  例）

  $\log_2 (4 \times 16) = \log_2 4 + \log_2 16$

  $= \log_2 2^2 + \log_2 2^4 = 2 + 4 = 6$

- $\log_a (M \div N) = \log_a M - \log_a N$

  例）

  $\log_2 (4 \div 16) = \log_2 4 - \log_2 16$

  $= \log_2 2^2 - \log_2 2^4 = 2 - 4 = -2$

この対数関数のグラフの例を示します。対数関数は指数関数の逆関数、すなわちxとyを入れ替えた関数となります。この時、次に示すようにグラフをかくと、指数関数と直線$y = x$に対して対称となります。

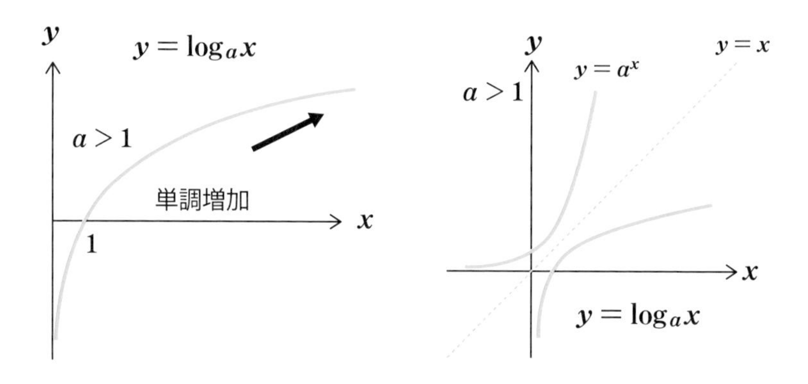

先ほど、指数関数はとても増加が早い関数と説明しましたが、対数関数はその逆関数ですので、増加がとても遅い関数になります。つまり、$y = \log_{10} x$という関数があったとき、$x = 10$のとき$y = 1$となりますが、$x = 1000000$という大きな数となっても$y = 6$にしかなりません。

今まで実数の指数・対数関数を議論してきましたが、底は1ではない正の数という制限がついていました。

なぜなら、底が1の場合は$y=\log_1 x$となりますが、これは$1^y=x$となり、xは1以外の値をとれなくなってしまいます。このような理由で、対数関数は底が1の時は定義できません。これは対数関数を複素数まで拡張しても同じです。

また、底が負になった時、自然数だと$(-2)^3=(-2)\times(-2)\times(-2)=-8$となり、きちんと定義されます。しかし指数を$\frac{1}{2}$として、$(-2)^{\frac{1}{2}}$となると実数の範囲で扱えない数になってしまいます。

ですので実数の指数関数は底が負では定義できません。

しかし、複素数まで拡張すると底が負になっても指数関数や対数関数を定義することができます。詳細は、7章で説明しますので、もっと知りたい方はこちらを読んでください。

さらに実数の範囲では真数は正という制限がつきましたが、複素数に拡張するとこの制限もなくなります。

つまり、zを複素数とするとき$2^z=-10$というzは確かに存在します。

3-7 虚数を学ぶための最低限の微分積分

これから最低限の微分積分の説明をしますが、ここは特にポイントを絞って説明するので、微分積分を学んだことのない人は参考文献などを参照して、別に勉強してください。

まずは微分から進めましょう。

1変数の実数の関数において、ある関数$f(x)$を考えます。ここで$f(x)$とはxを変数とする関数を表わします。つまり、xが2とか-4とか$\frac{1}{2}$など、色々な値をとるのに対して、$f(x)$は$x+2$であるとかx^2であるとか$2x$といった色々な関数となれるわけです。

そしてある関数$f(x)$を微分するとは、$f(x)$の導関数である$f'(x)$を求めることです。

例えば単純なべき関数の導関数は下のように求められます。

$\boldsymbol{f(x)=x^n}$ の導関数は　$\boldsymbol{f'(x)=(x^n)'=nx^{n-1}}$ （nは自然数）

ここで導関数とは一体何を表わしているのか、という疑問に答えたいと思います。

導関数とはある関数$f(x)$の傾き（接線の傾き）を表わす関数となります。

次に関数$f(x)=x^2$とその導関数$f'(x)=2x$の関係、そして関数$f(x)=x^3-x$とその導関数$f'(x)=3x^2-1$の関係を示します。確かに導関数の値が接線の傾きとなっていることが確認できるでしょう。

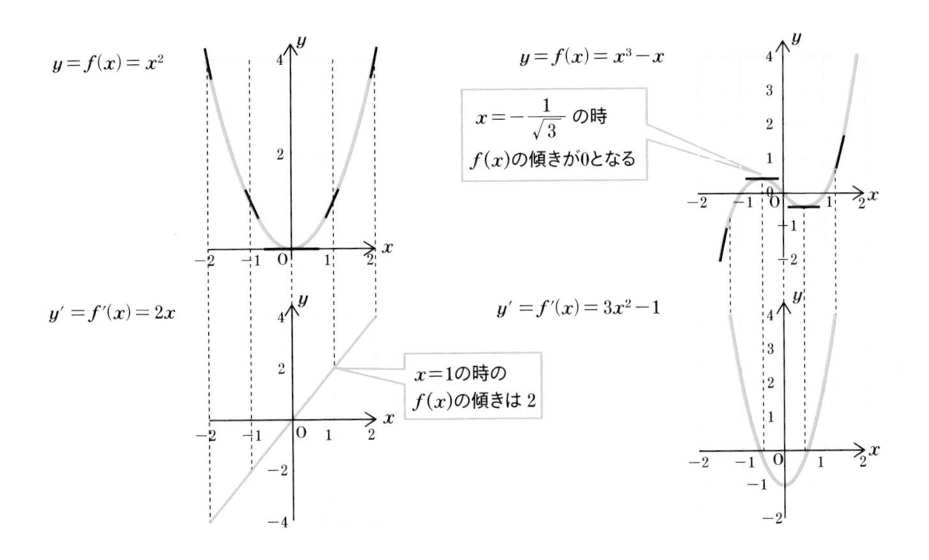

次に三角関数sin、cosの導関数について説明します。導関数は次のように与えられます。つまり、sinやcosは微分すると符号を変えながら、お互いに入れ替わるわけです。

$$(\sin x)' = \cos x \qquad (\tan x)' = \frac{1}{\cos^2 x}$$
$$(\cos x)' = -\sin x$$

先ほどのべき関数と同じように、$\sin x$のグラフを微分した時のグラフを示します。確かに$\sin x$の傾きが$\cos x$、$\cos x$の傾きが$-\sin x$となっていることを確認できるでしょう。

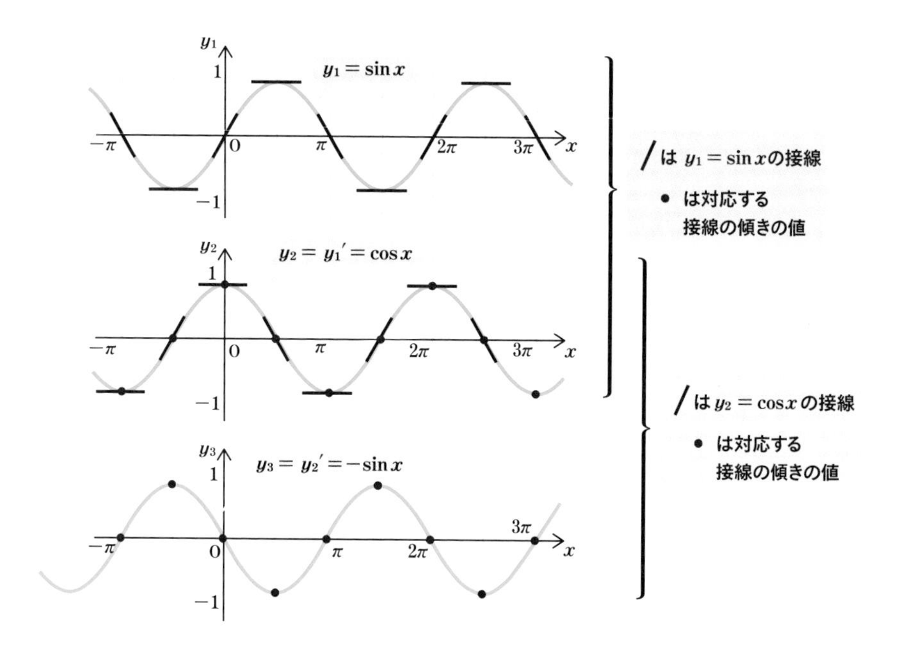

そして、tanとその導関数のグラフは下のようになります。

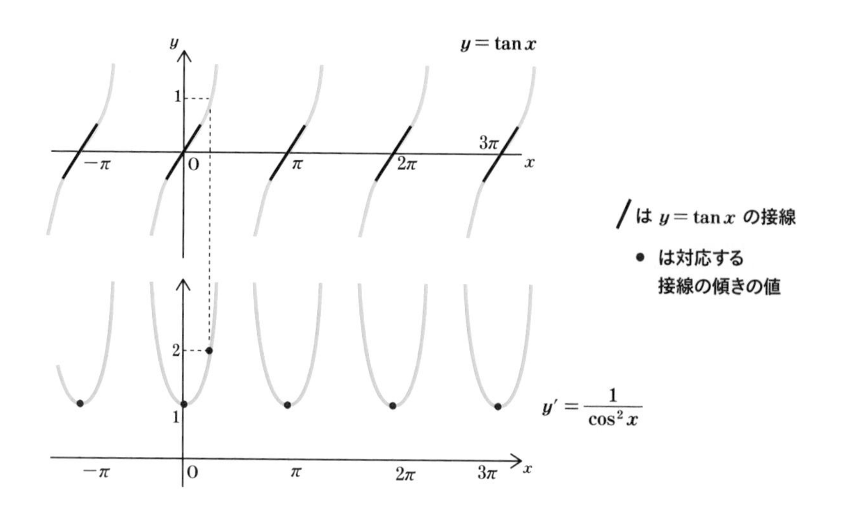

次に指数関数の微分について説明します。

指数関数の微分を語る上で避けて通れないのが、ネイピア数です。ネイピア数は下記のように定義される無理数になります。

$$e = 2.718281828459045235 36\cdots\cdots$$

このネイピア数は面白い性質がたくさんありますが、最も重要な点はその指数関数である $f(x) = e^x$ です。実はこの関数を微分すると $f'(x) = e^x$ となり、元の関数になります。

微分した関数、つまり導関数は元の関数の傾きを表わしています。ですから、$f(x)$ の値が傾きと一致していることを意味しています。

指数対数、対数関数の微分の公式を下に示します。

$$(e^x)' = e^x \qquad (\log_e x)' = \frac{1}{x}$$

$$(a^x)' = a^x \log_e a \qquad (\log_a x)' = \frac{1}{x \log_e a}$$

e^x、$\log_e x$ とその導関数のグラフを下に示します。$y = e^x$ のグラフは、確かに関数値とその傾きが同じになっていることがわかります。

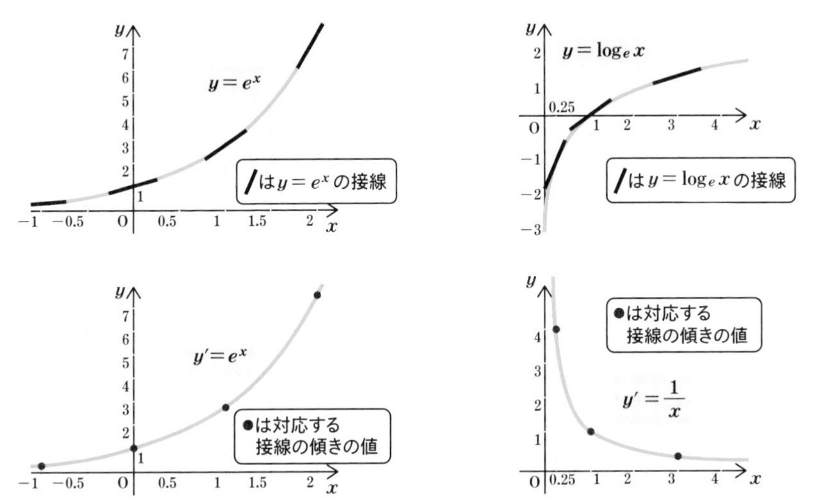

次に積分について説明します。積分と一口で言いますが、積分には2つの意味があります。1つは原始関数を求める積分（不定積分）、もう1つは面積を求める積分（定積分）です。

不定積分では原始関数を求めます。先ほど説明した微分は、ある関数$f(x)$を微分して導関数$f'(x)$を求めました。これに対して原始関数とは、原始関数$F(x)$を微分すると元の関数$f(x)$になる関数です。

つまり微分と積分は逆演算の関係になります。逆演算とはかけ算と割り算のような関係で、例えばある数に2をかけて、次に2で割ると、元の数に戻ります。

それと同じような関係で、ある関数を積分して、微分すると元の関数に戻ります。また、ある関数を微分して、積分しても元の関数に戻るのです。

それを図示すると、下のようになります。

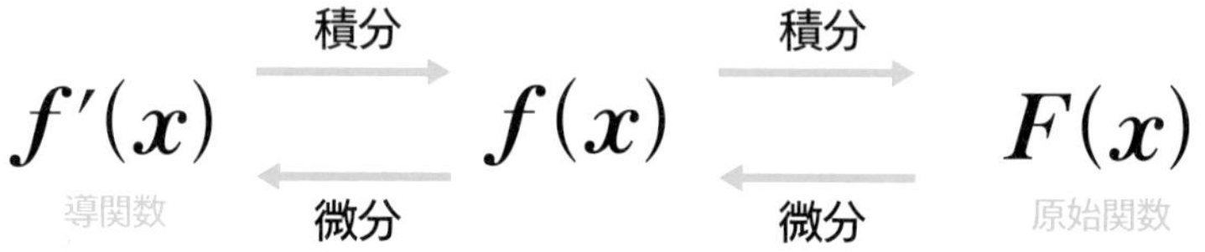

$f'(x)$ ―積分→ $f(x)$ ―積分→ $F(x)$

$f'(x)$ ←微分― $f(x)$ ←微分― $F(x)$

導関数　　　　　　原始関数

注）一般にある関数の原始関数は1つに定まらず積分定数を含むことになります。つまり、$F(x)=x^2$は$f(x)=2x$の原始関数ですが、$F(x)=x^2+2$も$f(x)=2x$の原始関数となります。だから不定積分は積分定数（任意の定数）をCとして、$F(x)=x^2+C$と表わすことが一般的です。ある関数$f(x)$の原始関数$F(x)$を微分すると元の$f(x)$に確かに戻ります。一方で積分の場合は、この積分定数の問題から、$f'(x)$を積分すると$f(x)+C$となり、$f(x)$（$C=0$の時）以外の関数も含まれることになります。

次は面積を求める積分です。面積を求める積分は定積分と呼びます。定積分の場合、関数とx軸で囲まれた部分の面積を求めますが、積分の範囲が必要ですので、その数字が追加されます。

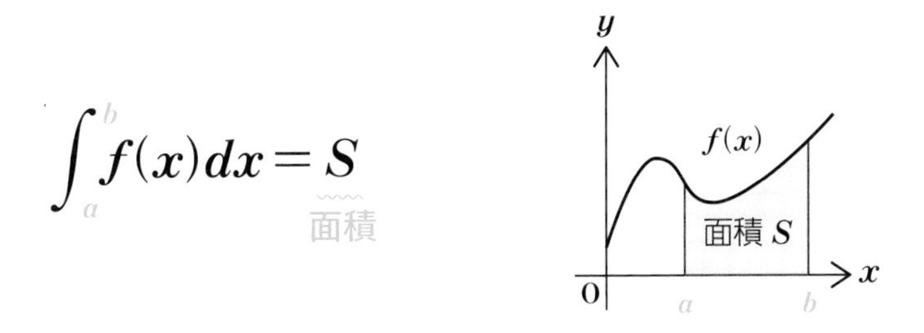

積分で面積を求める考え方について補足しておきます。下記の部分の面積を求めることを考えましょう。

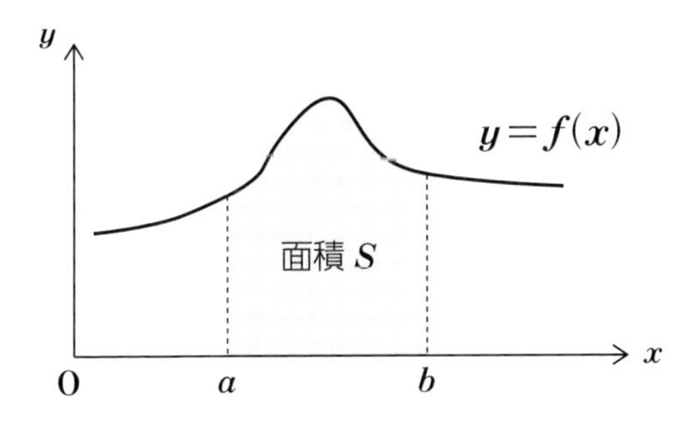

まず、次のように求めたい部分の面積を長方形に分割します。最初は5分割です。もちろんこのくらいの分割だと誤差が大きくなります。

$$\text{面積} \fallingdotseq f(x_0)\Delta x + f(x_1)\Delta x + f(x_2)\Delta x + f(x_3)\Delta x + f(x_4)\Delta x$$

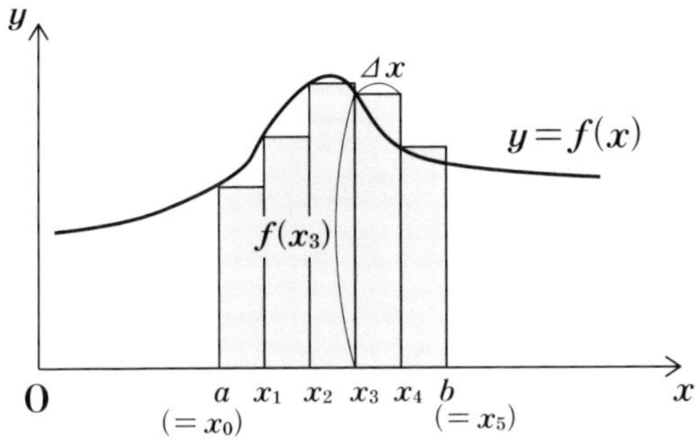

※Δxは、aとbの間をx方向に5等分した長さ

これを10分割にするとだいぶ誤差が小さくなってきます。最終的に分割数を無限大にする極限で面積に一致するのです。

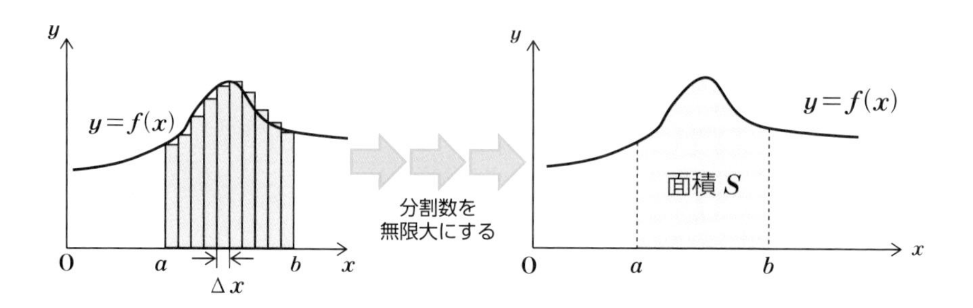

これを式で書くと下のようになります。

長方形の高さ

長方形の幅

和の意味

$n\to\infty$で0に近づく

$$S=\int_a^b f(x)dx=\lim_{n\to\infty}\sum_{k=0}^{n-1}f(x_k)\Delta x$$

$n\to\infty$ の極限を考える

なお、Σの記号は足し合わせるという意味で、例えば2,4,6,8,……と偶数の数列を考えてみると$a_1=2$, $a_2=4$,……, $a_n=2n$となります。そして、次のようにΣはそれをn項まで足し合わせることを意味しています。

n までの和

$$\sum_{k=1}^{n} a_k = a_1 + a_2 + a_3 + \cdots + a_n$$

数列 a_k を足し合わせる

k は 1 から足し合わせる

また、limの記号は極限を表わし、$\lim_{x \to a} f(x)$という表現で「xがaに近づく時に$f(x)$が近づく値」を指します。先の場合は$n \to \infty$ですので、n(分割数）が∞になる極限値を表わしています。

次にこの定積分をどうやって計算するのかについて説明します。これまで不定積分と定積分は全く別のように扱ってきましたが、定積分の計算でこの2つが重なることになります。

定積分の計算は不定積分の結果を使って行なわれるのです。

例として単純なxのべき乗の関数、x^n（nは自然数）の積分を考えてみましょう。まず不定積分は原始関数を求めることでしたので、次のように求められます。

実際、右辺の式を微分してみると、確かに元の式に戻ることがわかるでしょう。

$$\int x^n dx = \frac{1}{n+1} x^{n+1} + C \text{（}C\text{は積分定数）}$$

そして、関数$f(x)$の定積分の値は、不定積分の結果（原始関数$F(x)$）を使って下のように与えられます。

$$\int_a^b f(x)dx = \Big[F(x)\Big]_a^b = F(b) - F(a)$$

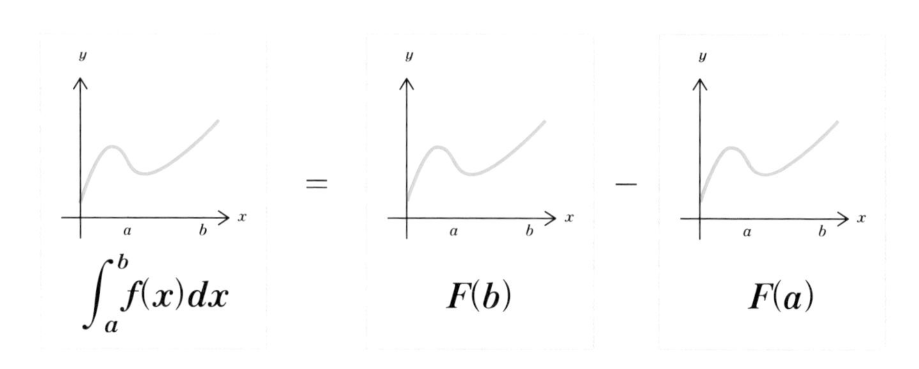

不定積分の結果として求められる原始関数は、微分したら元の関数に戻る性質の他に、元の関数の面積に関係しているわけです。ですから、このような計算で定積分（面積）の値を求めることができます。

最後に定積分を求める例を示します。この例を通して定積分の計算方法をつかんでもらえれば、と思います。

関数x^2を1から3まで積分する
→関数$y = x^2$の区間$x = 1 \sim 3$までの面積

$$\int_1^3 x^2\,dx = \left[\frac{1}{3}x^3\right]_1^3$$

$$= \frac{1}{3} \times 3^3 - \frac{1}{3} \times 1^3$$

$$= \frac{26}{3}$$

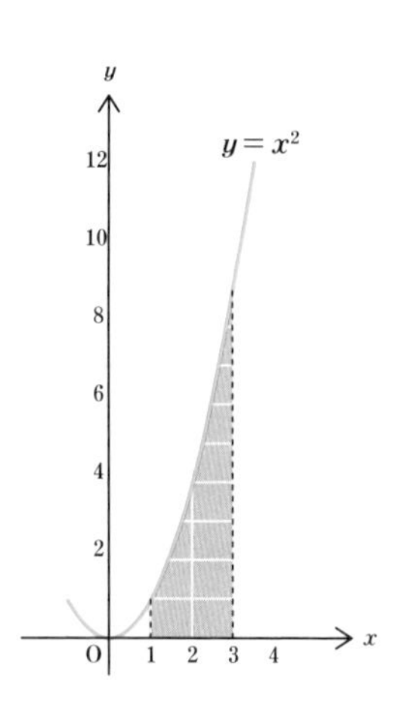

ワンポイント　微分方程式は科学技術を司る方程式

ここでは微積分の応用を語るには欠かせない、微分方程式の話をしたいと思います。「方程式」という言葉を聞いた時、多くの人が中学や高校で習う1次方程式や2次方程式を想像するかもしれません。

それに対してここでいう微分方程式は意味が大きく異なります。その違いとは中学校や高校で習った方程式が「数」を解にするのに対して、微分方程式は「式」が解になります。

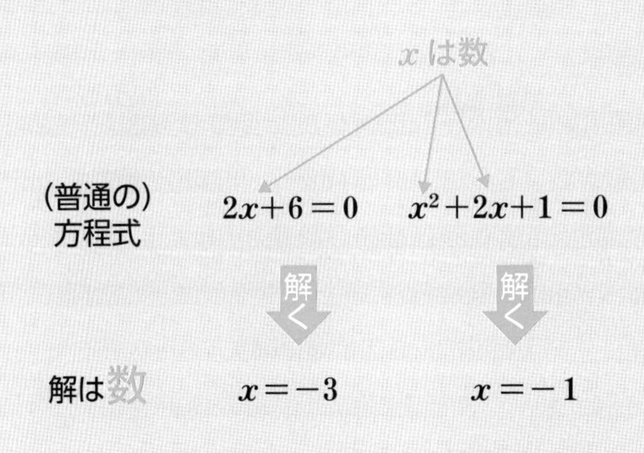

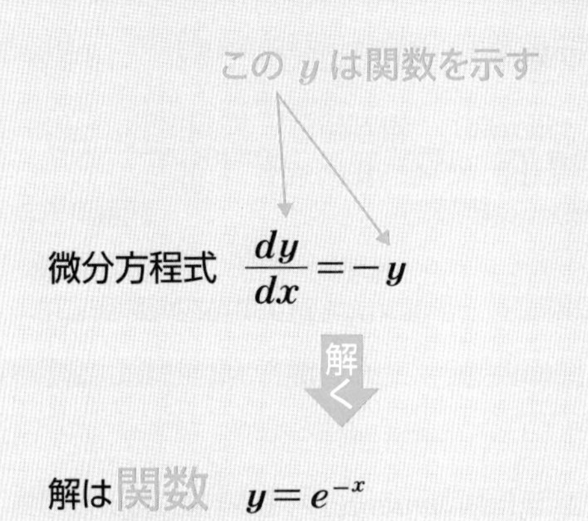

そして微分方程式を解くことによって得られた「式」が未来を予測するものになるのです。

例えば下に示すニュートンの運動方程式は物体にかかる力から、物体の位置や速さを求める「式」が得られます。つまりこの式があるから、ボールからロケットに至るまで、物体の運動を予測することができるのです。

ニュートンの運動方程式

$$F = ma = m\frac{d^2x}{dt^2}$$

さらに、電磁気の世界で使われるマックスウェルの方程式は下になります。これは電場や磁場のふるまいを表わす微分方程式で、これを解くと電流や電圧を表わす「式」が求められます。この方程式があるから、技術者が適切に電気製品を設計できるわけです。

マックスウェルの方程式

$$\begin{cases} \nabla \cdot B(t,\ x) = 0 \\ \nabla \times E(t,\ x) = -\dfrac{\partial B(t,\ x)}{\partial t} \\ \nabla \cdot D(t,\ x) = \rho(t,\ x) \\ \nabla \times H(t,\ x) = j(t,\ x) + \dfrac{\partial D(t,\ x)}{\partial t} \end{cases}$$

数学を実世界に応用させることを考える時、ほとんどの場合に微分方程式が登場します。これらは単に「方程式」と言われる場合も多いので、微分方程式がどういうものか理解して、判別できるようにしてください。

虚数で波を表わせる

KYOSU FUKUSOSU

Chapter

3章を読んでいただけると、さらに深い虚数を学ぶために必要な知識は身についたと思います。それではいよいよ虚数の深い一面に進んでいきましょう。
まずは虚数で「波」を表わせるという話から進めます。その物語は「波」を表わす三角関数と便利な指数関数が虚数を通じてつながるところから始まります。
その2つをつなげるのがオイラーの公式です。まずはオイラーの公式からお伝えしていきたいと思います。

4-1 波と複素数を結ぶオイラーの公式

3章で三角関数は波を扱う関数という話をしました。しかし、三角関数はなかなか扱いづらいものです。例えば、角度の足し算は三角関数の加法定理として与えられますが、下のような複雑な形になってしまいます。

$$\cos(\theta_1+\theta_2)=\cos\theta_1\cos\theta_2-\sin\theta_1\sin\theta_2$$
$$\sin(\theta_1+\theta_2)=\sin\theta_1\cos\theta_2+\cos\theta_1\sin\theta_2$$

ここで指数関数と三角関数を結びつける、オイラーの公式の出番です。θ を実数として、三角関数と指数関数を結ぶオイラーの公式は次のように与えられます。

●オイラーの公式

$$e^{i\theta}=\cos\theta+i\sin\theta$$

この式はネイピア数 e の $i\theta$ 乗、すなわち指数関数とsinとcosの三角関数が虚数 i を通じてつながった形となっています。

式を見ても単純には受け入れられないかもしれませんが、まずは受け入れてみましょう。すると、複素平面の極形式（3-3節「複素平面の発見」参照）と大変相性がよいことがわかります。

複素平面上のある点Aの絶対値がr、偏角がθだとします。するとこの点は指数関数$re^{i\theta}=r(\cos\theta+i\sin\theta)$となり、実部が$r\cos\theta$、虚部が$r\sin\theta$の複素数となります。

また絶対値は$\sqrt{r^2\sin^2\theta + r^2\cos^2\theta} = r$となります。

3－4節で絶対値がrで偏角がθの複素数の実部は$r\cos\theta$、虚部は$r\sin\theta$と説明しました。これをオイラーの公式を用いて$re^{i\theta}$としても、矛盾しないことがわかります。

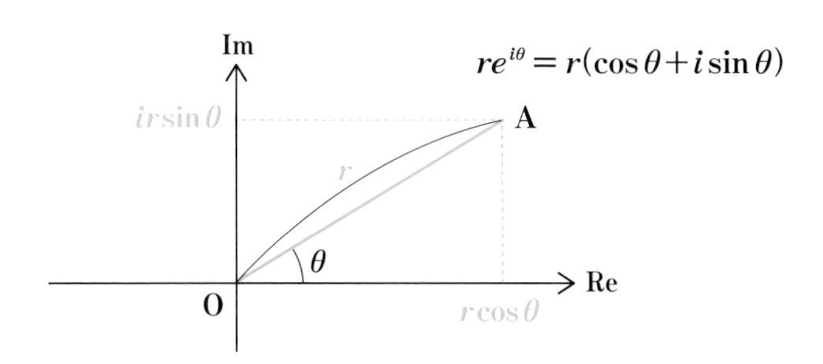

複素平面ではかけ算が絶対値の積と偏角の和で表わされること、そして割り算は絶対値の商と偏角の差で表わされることをお伝えしました。

ここで2つの複素数$r_1e^{i\theta_1}$と$r_2e^{i\theta_2}$を考えると、指数のルールに沿って、確かにその計算が可能です。つまり、面倒な三角関数の計算を指数関数で代用することができるのです。これがオイラーの公式の意味するところです。

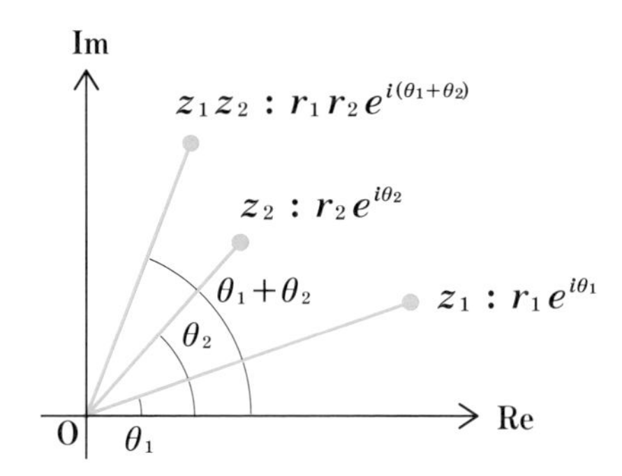

次にe^z（zは複素数）という複素数を考えてみましょう。ここで、$z = x + yi$（x, yは実数）とおくと指数の計算法則により、次のように積で表わされます。つまり、e^xが絶対値、yが偏角となります。このように$z = x + yi$の形

の複素数も簡単に極形式に変換できるわけです。

$$e^z = e^{x+iy} = e^x(\cos y + i\sin y)$$

さらに$e^{i\theta}$に対して、θ を$-\theta$ に置き変えたものを考えてみましょう。これは$e^{-i\theta}$となり、複素平面上では下の図に示すように実軸に対して、対称な点となります。

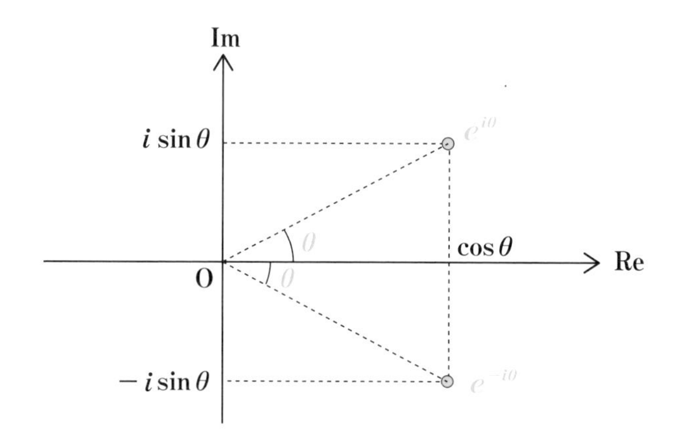

ここで$e^{i\theta}$と$e^{-i\theta}$の和と差を考えてみましょう。すると、下のようにそれぞれcosとsinだけになります。

$$e^{i\theta} + e^{-i\theta} = \cos\theta + i\sin\theta + \cos\theta - i\sin\theta = 2\cos\theta$$

$$e^{i\theta} - e^{-i\theta} = \cos\theta + i\sin\theta - (\cos\theta - i\sin\theta) = 2i\sin\theta$$

この式を使うと、次のように$\sin\theta$と$\cos\theta$が与えられます。

$$\cos\theta = \frac{e^{i\theta} + e^{-i\theta}}{2}$$

$$\sin\theta = \frac{e^{i\theta} - e^{-i\theta}}{2i}$$

この式でθは実数ですから、この$\sin\theta$や$\cos\theta$は完全に実数の関数となります。しかし、その実数の関数を表わすために虚数（の指数関数）が使われている形になっています。

6章でも説明しますが、実数の世界だから実数で完結するわけでなく、実数の世界を表わすために虚数を使う場合があるわけです。

オイラーの公式を受け入れると、最初に示した三角関数の加法定理も極めてシンプルに表わすことができます。このシンプルさが三角関数を指数関数で表わすメリットです。

オイラーの公式より　$e^{i(\alpha+\beta)}=\cos(\alpha+\beta)+i\sin(\alpha+\beta)$　…(1)

一方　
$$
\begin{aligned}
e^{i(\alpha+\beta)} &= e^{i\alpha+i\beta} \\
&= e^{i\alpha}e^{i\beta} \\
&= (\cos\alpha+i\sin\alpha)(\cos\beta+i\sin\beta) \\
&= (\cos\alpha\cos\beta-\sin\alpha\sin\beta) \\
&\qquad +i(\sin\alpha\cos\beta+\cos\alpha\sin\beta) \quad \cdots(2)
\end{aligned}
$$

(1)、(2)の実部と虚部を比較すると

$$\cos(\alpha+\beta)=\cos\alpha\cos\beta-\sin\alpha\sin\beta$$
$$\sin(\alpha+\beta)=\sin\alpha\cos\beta+\cos\alpha\sin\beta$$

さらに微分もシンプルになります。$e^{i\theta}$を微分すると109ページの実数の指数関数と同様に$ie^{i\theta}$となります。下に示すように4回微分すると元の$e^{i\theta}$に戻ります。もちろん$\cos\theta+i\sin\theta$ を微分した結果も同様になります。

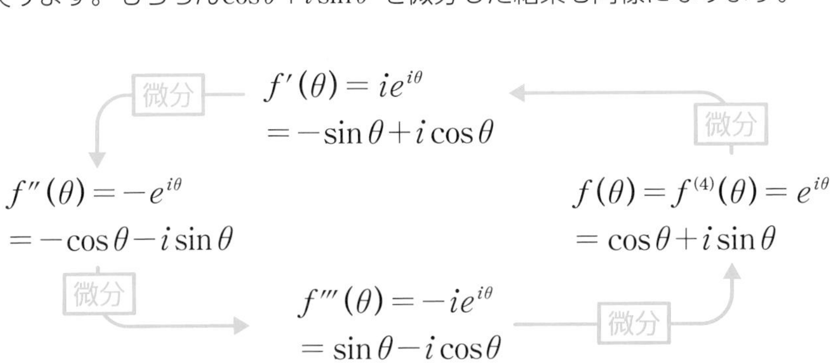

微分

$f'(\theta)=ie^{i\theta}$
$=-\sin\theta+i\cos\theta$

微分

$f''(\theta)=-e^{i\theta}$
$=-\cos\theta-i\sin\theta$

$f(\theta)=f^{(4)}(\theta)=e^{i\theta}$
$=\cos\theta+i\sin\theta$

微分

$f'''(\theta)=-ie^{i\theta}$
$=\sin\theta-i\cos\theta$

微分

　このように三角関数を指数関数で表わすと、計算がシンプルになることが示されました。波を表わすためには三角関数が使われますが、三角関数は計算が複雑ですし、なにより画数が多く、書くのも面倒だと思います。オイラーの公式により、そんな三角関数を指数関数という形で簡単に表わすことができるようになったのです。

　しかし、まだオイラーの公式自体に気持ち悪さがあり受け入れられない方もいるかもしれません。ですので、ちょっと違う角度からオイラーの公式を検証してみたいと思います。

　実数の関数はマクローリン展開という方法で、xのべき乗、つまりx^n（nは自然数）の項の和で展開することができます。そして複素関数においても、全く同じことができます。これを利用してオイラーの公式を見てみましょう。

　まず、e^xをマクローリン展開すると次のようになります。xはここでは実数です。

$$e^x = 1 + \frac{1}{1!}x + \frac{1}{2!}x^2 + \frac{1}{3!}x^3 + \frac{1}{4!}x^4 + \frac{1}{5!}x^5 + \frac{1}{6!}x^6 + \frac{1}{7!}x^7 + \cdots$$

　次に$\cos\theta$と$\sin\theta$のマクローリン展開は下のように表わせます。

$$\cos\theta = 1 - \frac{\theta^2}{2!} + \frac{\theta^4}{4!} - \cdots$$

$$\sin\theta = \theta - \frac{\theta^3}{3!} + \frac{\theta^5}{5!} - \cdots$$

e^xのマクローリン展開のxは実数ですが、これが虚数でも成り立つとして、$x=i\theta$ として置き換えてみると、次のようになります。

$$\begin{aligned}
e^{i\theta} &= 1+i\theta+\frac{(i\theta)^2}{2!}+\frac{(i\theta)^3}{3!}+\frac{(i\theta)^4}{4!}+\frac{(i\theta)^5}{5!}+\cdots \\
&= 1+i\theta-\frac{\theta^2}{2!}-i\frac{\theta^3}{3!}+\frac{\theta^4}{4!}+i\frac{\theta^5}{5!}+\cdots \\
&= \underbrace{\left(1-\frac{\theta^2}{2!}+\frac{\theta^4}{4!}+\cdots\right)}_{\cos\theta}+i\underbrace{\left(\theta-\frac{\theta^3}{3!}+\frac{\theta^5}{5!}+\cdots\right)}_{\sin\theta}
\end{aligned}$$

ここで$\cos\theta$ と$\sin\theta$ の項が現れますので、確かに$e^{i\theta}$が $\cos\theta+i\sin\theta$となることが確認できました。

これでも完全に納得できない方もいるかもしれませんが、オイラーの公式を受け入れる一つのイメージとなってくれれば、と思います。

4-2 波を解析する時の必勝法「フーリエ級数」

波を解析するために重要なパラメータが「周波数」です。波というものは周期的に変動するものですが、周波数とはその周期が変動する速さを表わします。

例えば50Hzだったら1秒間に50回の周期変動があるし、1MHz（メガヘルツ、メガは1,000,000を表わす接頭語）だったら、1秒間に1,000,000回の周期変動があるわけです。

周波数はその波の性質にも大きく関わってきます。例えば、光も波で、周波数が低い光は赤っぽい光になり、周波数の高い波は青っぽい光になります。また、音も波で、周波数が低い波は低い音になり、周波数の高い波は高い音になります。

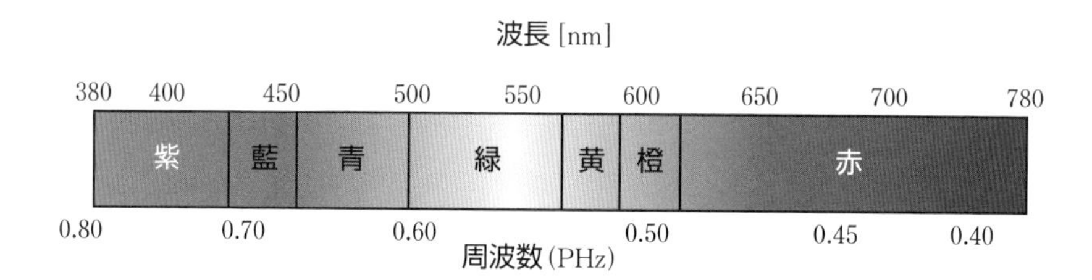

一般の波は多数の周波数成分を含んでいるので、その波の中にどんな周波数成分の波がどれくらい含まれるのか、ということが重要になってくるわけです。

波の解析ですので、数学的には虚数が大きな役割を果たします。ここではその様子を理解していただければ、と思います。

そのための数学的な手段がここで紹介するフーリエ変換です。ただ、フーリエ変換にたどり着くまでは、フーリエ級数、複素フーリエ級数、フーリエ変換と、順を追って理解する必要があるので、その順番に説明します。

最初にフーリエ級数です。このフーリエ級数のイメージを持つ上で大事なことは「全ての波は正弦波（sinやcosで現れる波）の重ね合わせで表わされる」ということになります。

例えば、次に示すような矩形波（くけいは）と呼ばれるカクカクした波を考えてみます。これはsin、cosのようななめらかな波で表わされるとは信じがたいかもしれません。しかし、周期の短い正弦波を加えるとどんどん矩形に近づいていき、無限に多く正弦波を加える極限を考えると、矩形波と一致することがわかっています。

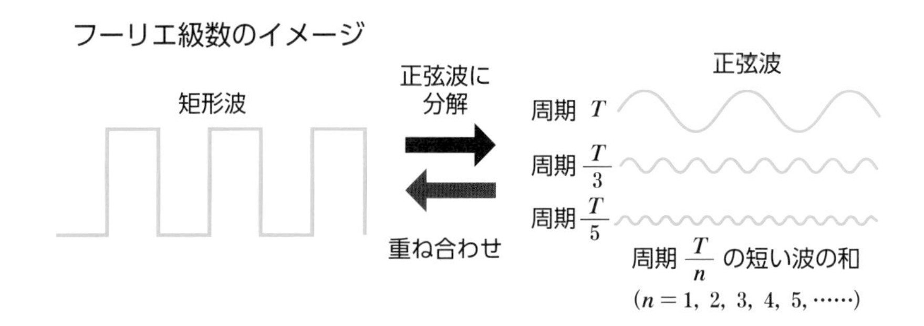

周期がTの波であれば、上のように周期がTの波、$\frac{T}{2}$の波、$\frac{T}{3}$の波、……と重ね合わせることにより、任意の波を表現することができます。

なお上の矩形波の例は、特別にsin波の周期$\frac{T}{2m-1}$（mは自然数）の和となっていますが、一般にはsin波とcos波の2つ、周期も$\frac{T}{m}$（mは自然数）の波が必要となります。

$y=f(x)$という周期Tの関数をフーリエ級数を使って展開すると次のような式になります。

フーリエ級数

$$f(x)=\frac{a_0}{2}+\sum_{n=1}^{\infty}\left(a_n\cos\frac{2\pi nx}{T}+b_n\sin\frac{2\pi nx}{T}\right)$$

ここでa_n、b_nは次のように与えられる　(nは正の整数)

$$a_n=\frac{2}{T}\int_{-\frac{T}{2}}^{\frac{T}{2}}f(x)\cos\frac{2\pi nx}{T}dx \qquad b_n=\frac{2}{T}\int_{-\frac{T}{2}}^{\frac{T}{2}}f(x)\sin\frac{2\pi nx}{T}dx$$

フーリエ級数を使って、実際に下のような矩形波を正弦波で表わしてみます。この矩形波は、下のような式で三角関数の和として表わされます。

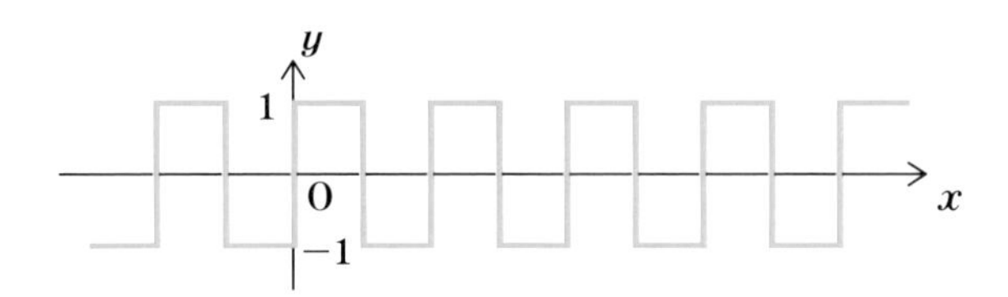

$$y=\frac{4}{\pi}\left\{\sin x+\frac{\sin 3x}{3}+\frac{\sin 5x}{5}+\cdots+\frac{\sin(2m-1)x}{2m-1}+\cdots\right\}$$

かなりスッキリしていますが、この時cosの係数は$a_n=0$、そしてsinの係数b_nはnが偶数の時は0で、奇数の時は$\frac{4}{n\pi}$となっています。

この正弦波を、$m=1$ ($\sin x$の項) まで、$m=2$ ($\sin 3x$の項) まで、$m=5$ ($\sin 9x$の項) まで、$m=25$ ($\sin 49x$の項) までを足し合わせた図を示します。項が多くなるほど、矩形波に近づいていくことがわかります。

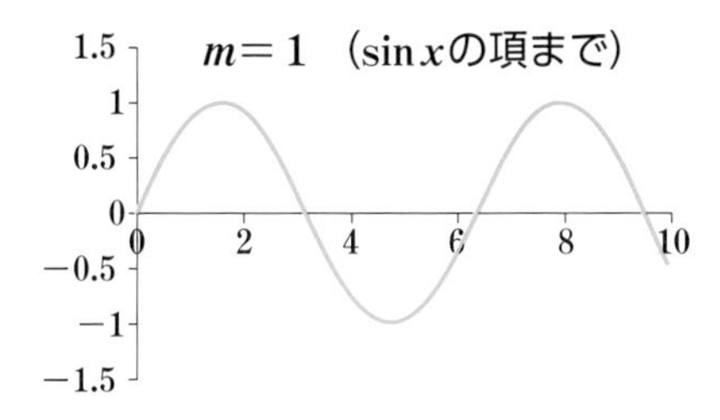

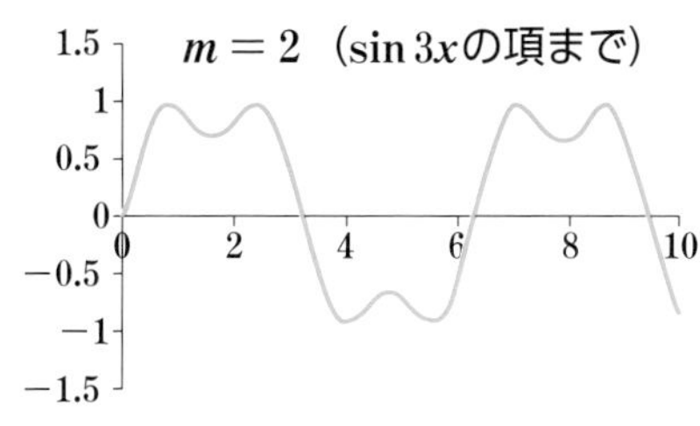

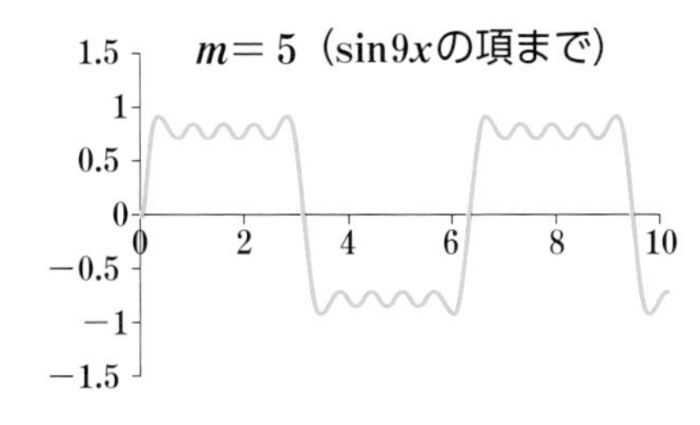

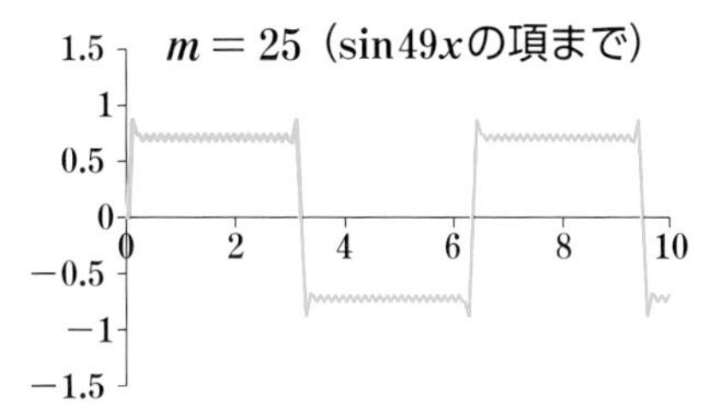

波を解析する時には係数のa_nやb_nを解析します。この矩形波の場合は$\sin 3x$の項は$\dfrac{4}{3\pi}$、$\sin 5x$の項は$\dfrac{4}{5\pi}$とだんだん振幅が小さくなっていくことがわかります。

このように一般の波をフーリエ級数展開して、係数を調べることによりどんな周期の成分が多く含まれているかがわかります。ここからその波について、多くの情報が得られるのです。

4-3 フーリエ級数からフーリエ変換へ

先ほどのフーリエ級数の議論では、虚数は全く登場しません。実際のところ、実数の波を扱うのですから、フーリエ級数は実数の範囲で十分なのです。

しかしながら、虚数（複素数）を使うと、扱いの複雑な三角関数を、指数を使ってシンプルに表わすことができます。このような動機で、フーリエ級数に虚数を持ち込むことを考えます。

計算はやや複雑ですが、やることは簡単です。最初の節でお伝えしたように、オイラーの公式を使うと、sinやcosを指数関数で表わせます。

$$\cos\theta=\frac{e^{i\theta}+e^{-i\theta}}{2},\quad \sin\theta=\frac{e^{i\theta}-e^{-i\theta}}{2i}$$

これをフーリエ級数の式に代入すると下のようになります。

フーリエ級数の式： $f(x)=\frac{a_0}{2}+\sum_{n=1}^{\infty}\left(a_n\cos\frac{2\pi nx}{T}+b_n\sin\frac{2\pi nx}{T}\right)$

フーリエ級数の式に指数関数の三角関数を代入

$$f(x)=\frac{a_0}{2}+\sum_{n=1}^{\infty}\left(a_n\frac{e^{i\theta}+e^{-i\theta}}{2}+b_n\frac{e^{i\theta}-e^{-i\theta}}{2i}\right)$$

$$=\frac{a_0}{2}+\sum_{n=1}^{\infty}\left(\frac{a_n-ib_n}{2}e^{ik_nx}+\frac{a_n+ib_n}{2}e^{-ik_nx}\right)$$

ただし、$\theta=\frac{2\pi nx}{T}=k_nx,\quad k_n=\frac{2\pi n}{T}$とした

nは1から∞までの和となっています。ここで、$e^{ik_nx}+e^{-ik_nx}$ について1から∞までの和をとるということは、係数を調整するとe^{ik_nx}を−∞〜∞まで和をとることと同じになります。$n=0$についても、フーリエ級数には$\frac{a_0}{2}$の定数項があるので矛盾は生じません。

そこで複素数の係数をc_nとおくと、フーリエ級数の式は下のようにシンプルに表わされます。これを複素フーリエ級数と呼びます。

●複素フーリエ級数：

$$f(x)=\sum_{n=-\infty}^{\infty} c_n e^{ik_nx} \qquad \left(k_n=\frac{2\pi n}{T},\ n\text{は整数}\right)$$

ただし、$c_n=\dfrac{a_n-ib_n}{2}=\dfrac{1}{T}\displaystyle\int_{-\frac{T}{2}}^{\frac{T}{2}} f(x)e^{-ik_nx}dx$

ここで再確認してほしいのですが、$f(x)$はあくまで実関数ということです。複素数や指数関数が登場するので、違うものに思えますが、やっていることは先ほどのフーリエ級数の式と変わりません。指数関数を使って、実関数をシンプルに表現するために複素数が使われていると理解してください。

また、a_nとb_nが統合されてc_nとなりました。しかし、c_nは複素数なので、実部と虚部の2つの実数があります。ですから、表わしている情報量もやっぱり同じになります。

この複素フーリエ級数はフーリエ級数とフーリエ変換の橋渡しをするものと考えるとよいでしょう。

フーリエ級数は波の解析をするためにとても便利なものですが、弱点があります。

それは「波」つまり、周期を持ったものしか解析できないということです。実際にフーリエ級数の式には、元の波の周期である T が含まれていますから、その波の周期がわからないと展開できません。しかし、実世界に生じる複雑な波を解析して、その周期を知ることは簡単ではないでしょう。

そこで、周期を持たない（もしくはわからない）関数であっても、フーリエ級数を使える方法がないかと考えるのです。

その答えがフーリエ変換です。フーリエ変換では周期 T を無限大とします。周期性のない関数であっても、周期を無限大と考えてフーリエ展開しようというアイデアがフーリエ変換なのです。

フーリエ変換と逆フーリエ変換の式を次に示します。

● $f(x)$のフーリエ変換：

$$F(k) = \int_{-\infty}^{+\infty} f(x) e^{-ikx} \, dx$$

● $F(k)$の逆フーリエ変換：

$$f(x) = \frac{1}{2\pi} \int_{-\infty}^{+\infty} F(k) e^{ikx} \, dk$$

Tが無限大になることにより、とびとびであったk_nは連続な変数kとなり、複素フーリエ級数の係数c_nは連続関数$F(k)$となります。

こうやって複素フーリエ級数の係数c_nの式から、位置xについての関数$f(x)$を波数$F(k)$の関数に変換するフーリエ変換の式が得られます。なお、波数kとは$\dfrac{2\pi}{\lambda}$で表わされる数で、この時のλは波の波長、つまり1周期の長さを表わします。

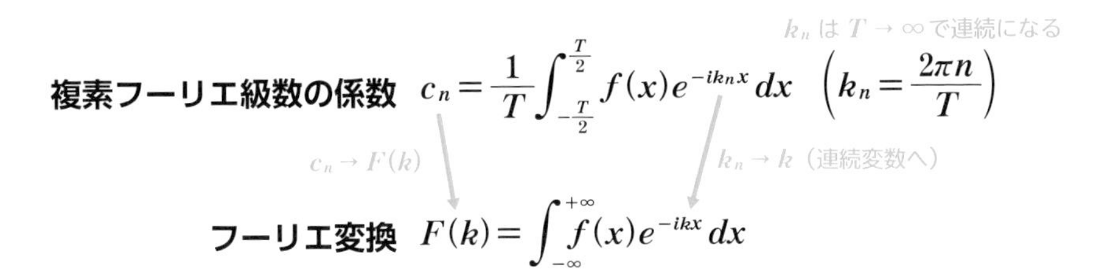

解析元の関数である$f(x)$から、複素フーリエ級数の係数C_nに相当する$F(k)$を求める計算をフーリエ変換と呼びます。

一方、逆に$F(k)$から$f(x)$を求める計算を逆フーリエ変換と呼びます。これは複素フーリエ級数の式において、周期Tを無限大とする極限を考えると（$T\to\infty$とすると）、係数c_nがkの関数$F(k)$となり、和を意味するΣが積分に変わります。

複素フーリエ級数 $f(x)=\sum_{n=-\infty}^{\infty} c_n e^{ik_nx} \quad \left(k_n=\frac{2\pi n}{T}\right)$ k_n は $T\to\infty$ で連続になる

$\Sigma\to\int$　　$c_n\to F(k)$

逆フーリエ変換 $f(x)=\frac{1}{2\pi}\int_{-\infty}^{+\infty} F(k)e^{ikx}\,dk$

フーリエ変換が応用できる例として、時間tの関数$f(t)$を角周波数の関数$F(\omega)$に変換できることも挙げられます。

この場合は距離の変数であるxを時間の変数であるt、波数kを角周波数ωで置き換えます。角周波数は$\frac{2\pi}{T}$で表わされる数です。ここでTは波の周期（単位は時間）を表わしています。

これで解析したい波形$f(t)$をフーリエ変換した、$F(\omega)$を調べることにより、その波にどの周波数成分がどのくらい含まれているかがわかります。

次にフーリエ変換と逆フーリエ変換のイメージの図を示します。

この図の波の場合、例えばフーリエ変換した波が音波だとすると、2つの周波数成分だけが含まれていることがわかります。

つまり、ある高さの2つの音だけで構成された音だということがわかるのです。$F(\omega)$の値はある周波数（角周波数ωの波）の振幅を示します。

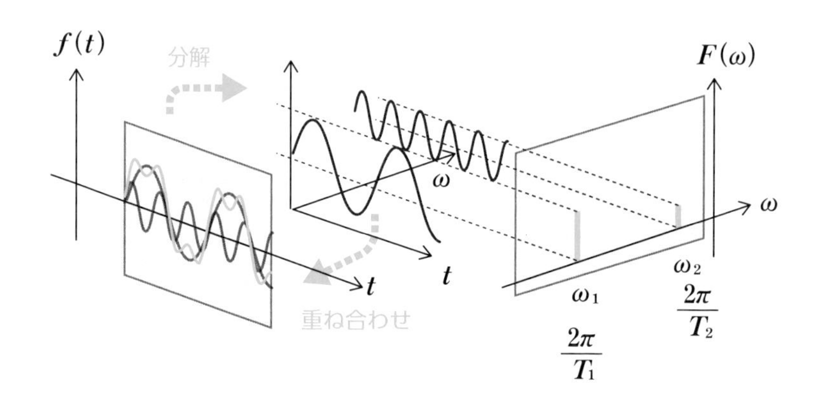

フーリエ変換

$$f(t)=\frac{1}{2\pi}\int_{-\infty}^{+\infty}F(\omega)e^{i\omega t}d\omega \quad \rightleftarrows \quad F(\omega)=\int_{-\infty}^{+\infty}f(t)e^{-i\omega t}dt$$

逆フーリエ変換

時間の関数　　　　周波数の関数

なお、角周波数とは意味的には周波数と同じものです。周波数は単位時間（通常は1秒）に含まれる周期の数を表わします。それに対して角周波数は1周期を2π、つまり弧度法における一回転の角度で表わしたものです。ですから周波数fに2πをかけると角周波数になります。つまり、$\omega = 2\pi f$となります。

フーリエ変換を使うと、波を周波数成分に分解することができます。波は周波数が異なると、物質による吸収や反射、屈折など性質が異なってきます。ですから、波をフーリエ変換で解析すると様々な情報が得られるのです。

例えば、地震の波を解析したり、光を解析したり、音を解析したりすることもできます。また、CTのように様々な角度からX線を解析対象に放射して、その透過波の性質から物質の内部の画像を得たりすることもできます。

このように虚数を使ったフーリエ変換で波を解析することができます。波は現代の科学技術のあらゆるところで利用されているので、様々な技術の根底で活躍していると言えます。

4－5節で、X線による物質の構造解析にフーリエ変換が用いられる例を紹介します。

4－4 フーリエ変換に現れる虚数は何を示すか？

ここまででフーリエ変換の概要について説明してきました。ただし、この本は虚数についての本ですので、フーリエ変換における虚数について考察したいと思います。

下のようにある波$f(x)$をフーリエ変換して、波数の関数$F(k)$にします。

$$F(k)=\int_{-\infty}^{+\infty} f(x)e^{-ikx}\,dx$$

ここで、位置xも関数$f(x)$の値も実数です。虚数の波など、人間が見ることはできませんから、これは当たり前のことです。

しかし波数kは実数ですが、フーリエ変換した波数の関数$F(k)$には一般的に虚部が出てきます。この虚部は一体何を示しているのでしょうか？意味がないと思うでしょうか。

いや、そんなことはありません。この虚部には立派な意味があります。その意味について考えてみたいと思います。

それは、フーリエ級数、複素フーリエ級数、フーリエ変換と進む中で虚部がどこで現れたかを調べることで明確になります。

まず、フーリエ級数の式を示します。この中に現れるa_n、b_n、x、n そして$f(x)$はもちろん全て実数です。この中には虚数は出てきません。

$$f(x)=\frac{a_0}{2}+\sum_{n=1}^{\infty}\left(a_n\cos\frac{2\pi nx}{T}+b_n\sin\frac{2\pi nx}{T}\right)$$

そして複素フーリエ級数です。複素フーリエ級数におけるc_nは何を表わしているのか確認してみましょう。

$$c_n=\frac{a_n-ib_n}{2}=\frac{1}{T}\int_{-\frac{T}{2}}^{\frac{T}{2}}f(x)e^{-ik_nx}dx \quad \left(k_n=\frac{2\pi n}{T}\right)$$

この中の係数c_nがフーリエ変換した時の$F(k)$に相当するわけですが、c_nは$\frac{a_n-ib_n}{2}$を置き換えたものであることがわかるでしょう。そして虚部を表わすb_nは何だったかというと、フーリエ級数の式に戻るとsinの係数であることがわかります。

フーリエ変換は複素フーリエ級数の周期Tを∞にした極限であり、虚部が何を表わすかという本質は変わっていません。だから、フーリエ変換した虚部は、やっぱりsinの係数を表わしているわけです。

つまり、位置の実数関数である波の関数$f(x)$をフーリエ変換すると、入力kは実数であるものの、複素数を値にとる$F(k)$という関数が得られます。

そして、$F(k)$の実部はcosの係数(波の振幅)、$F(k)$の虚部はsinの係数(波の振幅)を表わしているのです。

このように考えてみると、フーリエ変換によって$F(k)$という複素数を値にとる関数が出現するものの、これは単にcosの係数を表わす関数とsinの係数を表わす関数、つまり「実関数を2つ合わせたもの」と考えられるでしょう。

ここでは虚数は本質的な意味は持ちません。ただ、2つの関数を1つの関数に入れるための道具と考えた方が正確です。

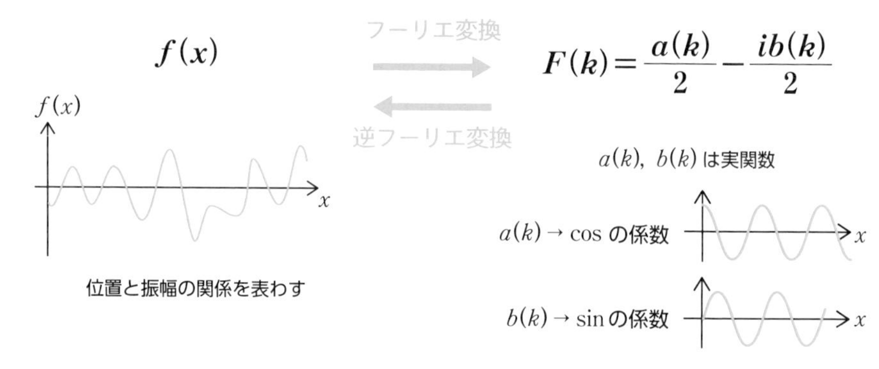

さらにcosとsinに分解する意味を考えてみましょう。

sinのグラフは下に示すように原点対称のグラフとなります。つまり、$f(a)$に対して、$f(-a)=-f(a)$という性質があり、これを奇関数と呼びます。

一方、cosのグラフは$f(a)$に対し、$f(a)=f(-a)$が成り立ち、これを偶関数と呼びます。

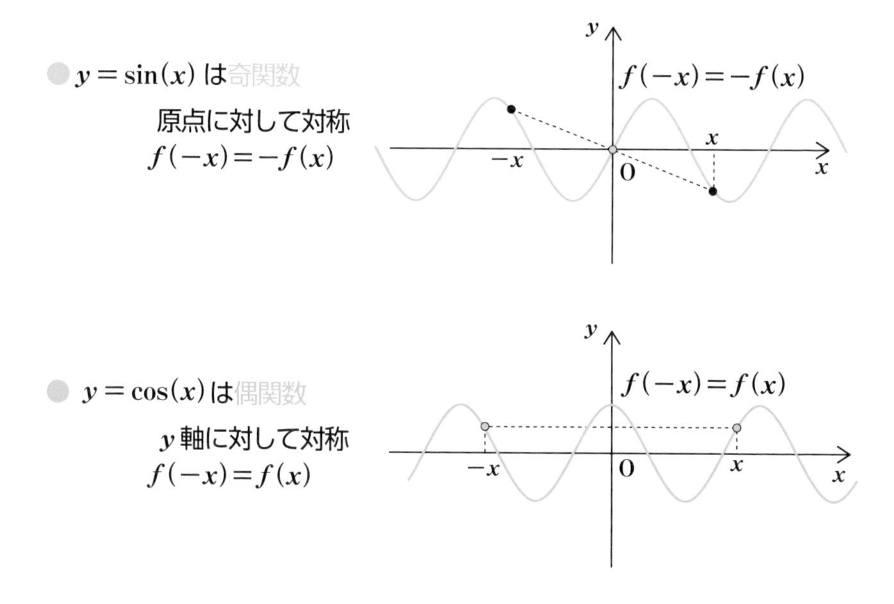

ある関数をフーリエ変換した時に、奇関数か偶関数かがsinとcosの割合（係数の大きさ）を決めるポイントとなります。

すなわち、解析する関数が奇関数であれば、sinのみで展開できます。この場合、$F(k)$は虚部のみの純虚数を値にとります。

一方、解析する関数が偶関数であれば、cosのみで展開できて、$F(k)$は虚部が0の実数の関数となるわけです。

もちろん一般的には両方の成分を含むでしょうから、$F(k)$の実部と虚部の大きさは、解析する関数$f(x)$の奇関数成分が大きいか、偶関数成分が大きいかによって決まります。

さらにcos関数とsin関数が実数と虚数に対応つけられることには、他の背景もあります。

ヒルベルト空間の理論によると、cos関数とsin関数は直交している関数とされます。つまり、直交座標のx軸とy軸のように、cos関数とsin関数は直交しているとみなされるのです。

ですので、2−3節で説明したコンスタレーションで、cos関数とsin関数が、直交する実軸と虚軸で表わされることは理にかなっています。

4-5 X線回折でフーリエ変換した関数が目で見られる

ここまでフーリエ変換により位置の関数$f(x)$が、波数の関数$F(k)$に変換できる。もしくは時間の関数$f(t)$が角周波数の関数$F(\omega)$に変換できるという話をしてきました。

ここでフーリエ変換して得られた関数、$F(k)$や$F(\omega)$は解析のために使われるものであって、実際に我々の目に触れることはないと感じられたかもしれません。

ほとんどの場合はそうなのですが、このフーリエ変換した関数が我々の前に現れることもあります。それは物質の構造を調べるX線回折です。

X線回折は主に結晶性物質、つまり原子が結晶となって規則正しく並んでいる物質にX線を照射して、結晶や分子の構造を解析するものです。

例えば、金属は原子が下のような構造で格子を構成しています。このような原子構造を解析できるわけです。

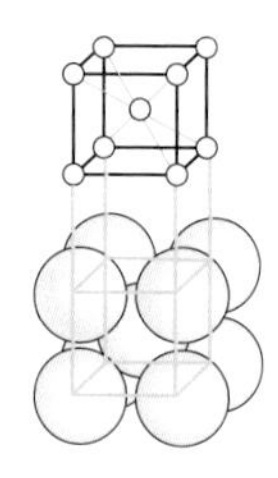

体心立方格子

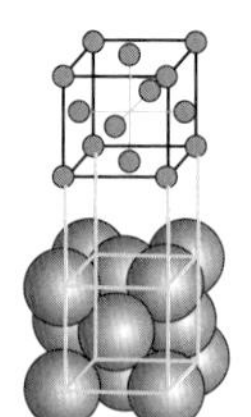

面心立方格子

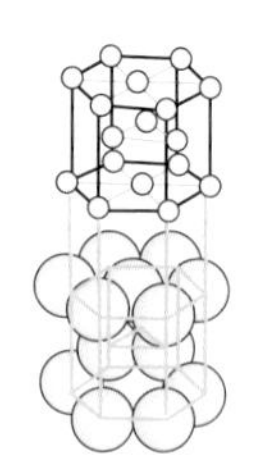

六方最密充填

この構造解析にX線を使う理由はその波長が短いからです。電波や光、X線、ガンマ線（放射線）などは、実は全て同じ電磁波になります。ですから、真空中では光速（3.0×10^{8} m/s）となるのは全て同じです。

その中で下の図に示すように、波長によって呼び名が分けられています。

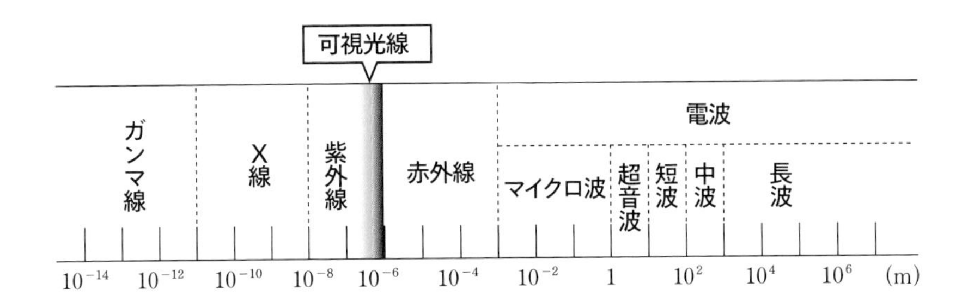

我々人間は可視光を認知してものを見ています。電磁波で物体を見ることは、物体にボールを投げて、反射してきたボールの情報からその物体の情報を得ることと同じです。

ただ、そこに制限があって、光は波の性質を持っているので、その波長以下の物体では反射が起こりません。可視光はおおよそ、$4.0\sim8.0\times10^{-7}$ mの波長ですので、それ以下の物体を認識することはできないのです。

ここで今、見ようとしている原子構造は1.0×10^{-10} mくらいの大きさですので、可視光では認識できません。だから、その程度以下の波長を持つX線を使うわけです。

X線回折の装置は簡略化すると次のようになっていて、試料にX線を入射してその反射強度を測定します。そのパターンが結晶の構造によって変わるのです。

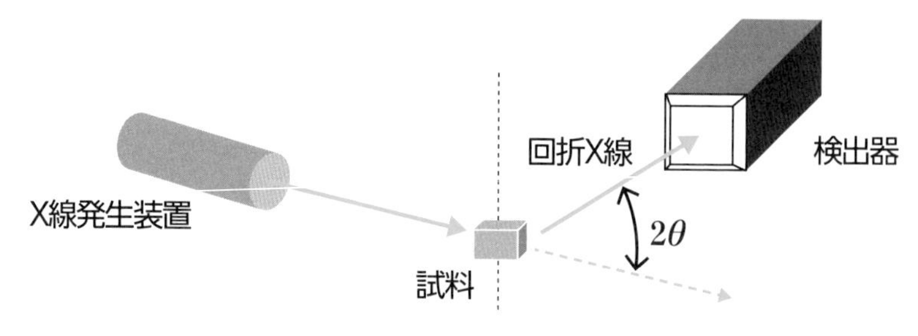

(試料は様々な方向に傾斜、回転させることができる)

X線回折の実験をすると回折と呼ばれるX線強度のパターンが得られます。そのパターンが$F(k)$、すなわち原子の位置情報の関数$f(x)$をフーリエ変換したものなのです。

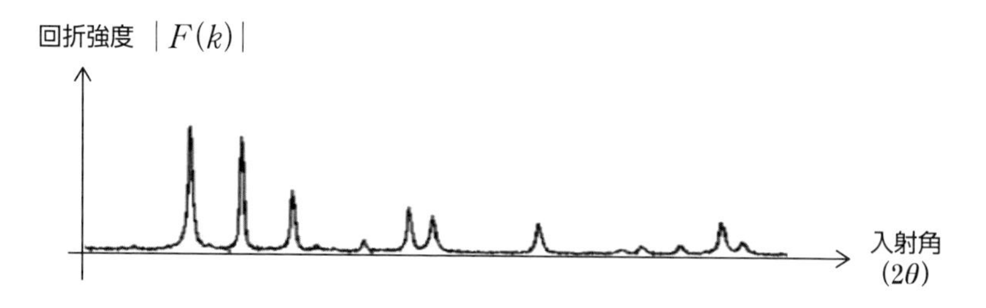

X線回折の実験では実験によって得られた$F(k)$を、逆フーリエ変換することによって、結晶の原子の位置情報$f(x)$が得られます。なお、実際の格子は3次元のためxやkも実際には3次元になります。

それではX線回折の原理を説明します。2次元に原子が次のように並んでいると考えます。ここに左からX線が入ってきます。この時に格子間の距離をd、X線の入射角をθ、波長をλとすると次の式が成り立つところにX線のピークが出ます。これをブラッグの条件と呼びます。

ブラッグの条件 $(n=1,\ 2,\ 3,\ \cdots\cdots)$

$$2d\sin\theta = n\lambda$$

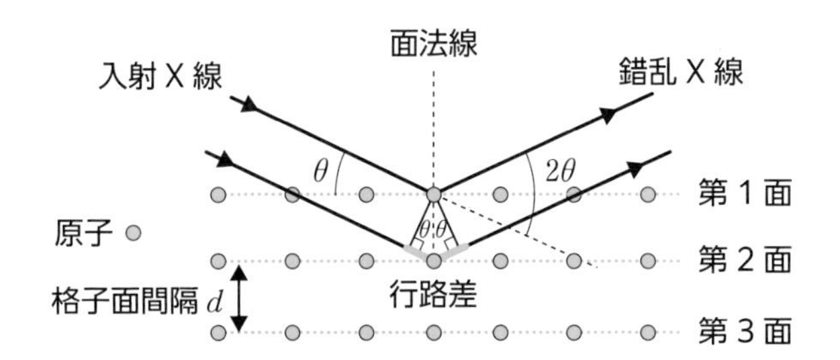

λは1周期を表わすので、この整数倍になった時に、X線の波が強め合ってピークが出ます。逆に、整数倍に$\dfrac{\lambda}{2}$を加えた時にはX線の波が弱め合って暗くなります。

ブラッグの条件で波が強め合うイメージがつかめない方は下の図を参照してください。位相がそろった波が足し合わされると強くなりますし、逆位相になった波が足し合わせられると弱められます。

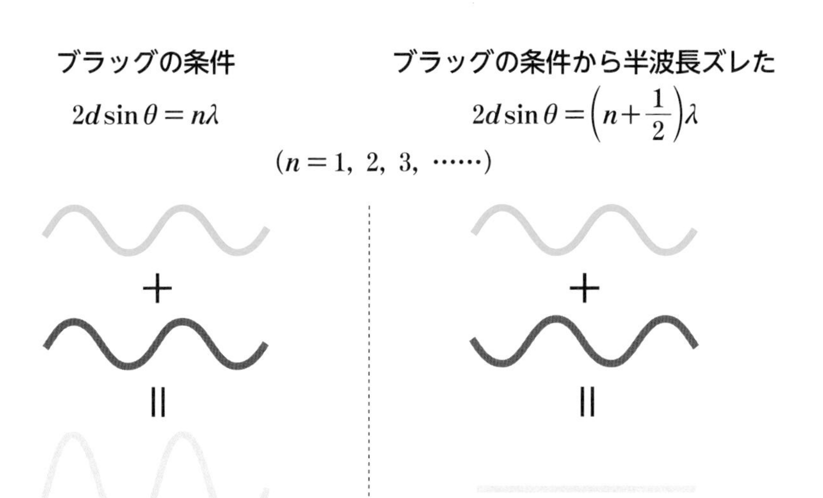

実際にはサンプルや入射角を様々に変えながら情報を取得します。その結果、先ほど示した、入射角と回折強度の関係が得られます。また、2次元でスキャンすると、下のイメージ図のような回折像の写真も得られます。

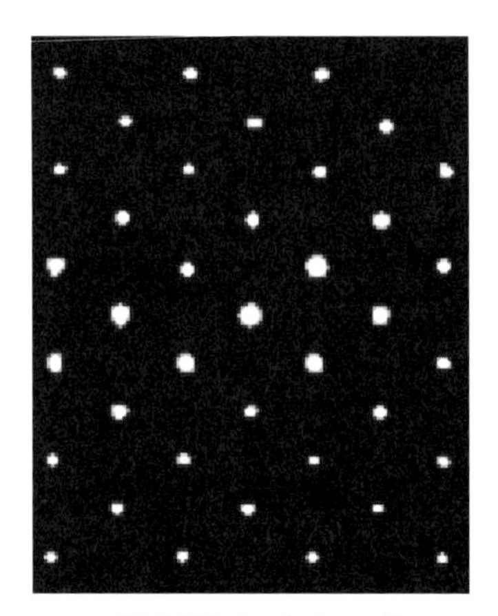

回折像のイメージ

この写真が構造因子と呼ばれるものです。これは原子構造（正確には原子の電子密度）をフーリエ変換した関数となります。

$f(x)$は距離が変数の原子構造を表わすとすると、それをフーリエ変換した$F(k)$は単位が距離の逆数のkという関数です。ですから、これを逆格子と呼ぶこともあります。

なお、原子構造$f(x)$は実数値しかとりませんが、それをフーリエ変換した$F(k)$の値は複素数となります。

上で得られた回折像は単なる強度ですから$F(k)$の絶対値のみを示します。つまり、偏角（位相）の情報は失われています。複素数は絶対値と偏角（実部と虚部）の2つの情報を持っている数ですが、その片方が得られないわけです。ですので、単に$F(k)$を逆フーリエ変換しても、$f(x)$は得られません。

正確な原子構造を得るためには$F(k)$の偏角（位相）が必要ですので、他の補助的な方法を使って偏角を推定する必要があります。これをX線回折の「位相問題」と呼びます。これは難解な物理の話になるので、詳細はここでは説明しません。興味のある方は「位相問題」をキーワードにしてネットなどで調べてください。

本書のテーマは虚数ですので、実数関数$f(x)$をフーリエ変換した関数$F(k)$は複素数の関数になること。$f(x)$は実数値の1つの情報しかないけれども、$F(k)$は実部と虚部（絶対値と偏角）の2つの情報を持つこと。そして、$F(k)$の絶対値はX線回折の実験で得られるけれども、偏角は得られないことを理解いただければ、と思います。

この事実は、複素数が2つの数を合わせた数、という理解をより強固にしてくれるものと思います。

固体の原子構造には様々な構造があります。X線回折から得られたデータから物質を特定することができます。また、その構造を解析して、物質の密度や結晶性、歪みを調べたりすることも可能です。

その解析の理論的な背景を与えているのが、虚数を利用したフーリエ変換なのです。

4-6 なぜ量子力学では虚数が現れるのか？

量子力学は原子や電子レベルのミクロな世界を記述する物理学です。

投げたボールの運動が放物線を描く、といった巨視的な世界の力学は、下に示すニュートンの運動方程式を元に、理論を組み立てます。

$$F = m\frac{d^2x(t)}{dt^2}$$

つまり、物体があったとして、受ける力Fとその物体の質量mによって、物体の時間tにおける位置$x(t)$が決まるということです。$x(t)$を時間で微分すると速さが求められますので、この方程式を解いて位置$x(t)$の関数を求めることにより、物体の運動が記述されるわけです。

それに対して、量子力学における基礎的な方程式はシュレーディンガーの波動方程式と呼ばれ、下のように表わされます。

$$i\hbar\frac{\partial}{\partial t}\psi(x,\ t)=\left\{-\frac{\hbar^2}{2m}\frac{d^2}{dx^2}+V(x,\ t)\right\}\psi(x,\ t)$$

なかなか難解だと思いますが、完全に理解する必要はありません。式の意味についてポイントを絞ってお伝えします。

ここで注目するのは2点です。1点目は左辺に虚数単位のiが含まれているということ、2点目はこの方程式において物体（電子など）の状態（位置など）を示すのは$\psi(x,\ t)$という関数だということです。

1点目はiが含まれていることにより、複素数を含む方程式なのだろうな、という推測ができるでしょう。

次に2点目です。シュレーディンガーの波動方程式の解は$\psi(x,\ t)$ですが、

$\psi(x, t)$が表わすものは波です。この$\psi(x, t)$を波動関数と呼び、波動関数は複素数の値をとる関数になります。

波動関数$\psi(x, t)$は波を表わすという話をしましたが、この波は一体何を表わすのでしょうか？　ここが量子力学の不思議なところなのですが、$\psi(x, t)$は存在確率を与える関数です。

ニュートン力学においては、物体のt秒後の位置は直接求めることができます。だから$x(t)$という関数が運動方程式に入っているわけです。

しかし、量子力学においてはある粒子（例えば電子）のt秒後の位置は定まりません。わかるのは位置xで観測される確率だけなのです。

例えば、シュレーディンガーの波動方程式を解いて、確率が0.5（50%）で地点AかBで見つかることを示している場合、それは本当にランダムにAかBで検出されます。

この位置を厳密に予測することはできません。あくまで得られるのは確率だけなのです。1章でも説明しましたが、これが量子力学の世界です。

ここで$\psi(x, t)$は複素数の関数だとお伝えしました。先ほどの節でフーリエ変換を説明しましたが、フーリエ変換の場合は式に虚数は含まれてはいても、表わすところは実数の世界でした。実数でも表わせるけれども、便利だから虚数を使っていたというわけです。

それでは$\psi(x, t)$の虚部は何を表わしているのでしょうか？　$\psi(x, t)$は「波動関数」というくらいですので、波の関数を表わします。そして、波を表わすためには振幅と位相の情報が必要です。この情報がないと、測定値として得られる量子干渉（波同士が干渉して、干渉縞が現われる現象）を説明することができません。

つまり、$\psi(x, t)$は本質的に複素数の関数で、虚数を使わずに表わすことはできないものです。そして、これから説明するように、我々が観測可能な物理現象と対応つけるためには$\psi(x, t)$の絶対値を考えて、実数の値を得る必要があります。

波動関数は確率に関わっています。ただ、複素数の確率というものには意味がありません。確率は実数です。ですので、シュレーディンガーの波動方程式を解いて$\psi(x, t)$が求められたら、その複素共役（複素数の虚部の符号を反転させた数、92ページ参照）をかけて絶対値を求めます。

つまり、$\psi(x, t)=a(x, t)+ib(x, t)$だとしたら、($a(x, t)$, $b(x, t)$は実数の関数)

$$(a(x, t)+ib(x, t))(a(x, t)-ib(x, t))=(a(x, t))^2+(b(x, t))^2$$

として、それが確率を表わすわけです。くどいですが、この確率は複素数の絶対値を表わしているので実数であることに気をつけてください。虚数の確率なんてものは考えられないので、これは当たり前のことです。

さて、ここで量子力学を用いた「トンネル効果」と呼ばれる現象を紹介します。古典力学の観点からは、粒子が持つエネルギー以上の障壁を超えることはできません。

しかし、量子力学の世界では粒子は波としてふるまうため、その障壁の中に少し侵入します。ですので、障壁の幅が狭くて粒子のエネルギーが障壁のエネルギーに近い場合は、波が障壁の向こう側にも広がります。

つまり、粒子が障壁の向こう側でも観測される確率があるのです。

このトンネル効果を示すために、次のような状況を考えてみましょう。エネルギーがEの粒子とエネルギー障壁がV_0の壁があります。ここで、粒子のエネルギーEは障壁V_0より小さいとします。この時に、障壁の外側における粒子の存在確率はどうなるかということです。

古典力学で考えると、障壁で跳ね返されるだけですから、障壁を超えることなんてあり得ません。確率は0です。しかし量子力学で考えると、粒子エネルギーが障壁を超えてトンネルする確率があるわけです。

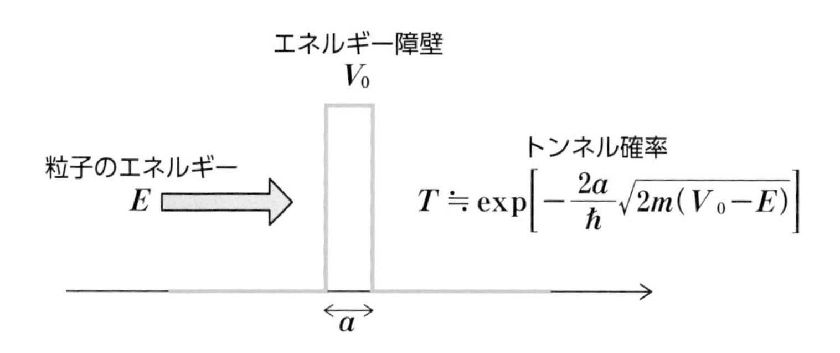

例えばジェットコースターが30mの高さからスタートしたとして、このコースの中で30m以上の高さは絶対に超えることができません。しかしながら、ミクロな世界では量子力学の効果が大きく見えて、人間のスケールの世界では超えられるはずのない壁を超えてしまう確率があるのです。

このトンネル効果は、例えば半導体素子で実際に確認されています。

しかし、これは人間のスケールから考えると非常に小さい確率です。例えば下のような例を考えてみましょう。

高さが2.8mの山に向かって、20kgの鉄球が14.4km/hのスピードで転がっていくことを考えます。

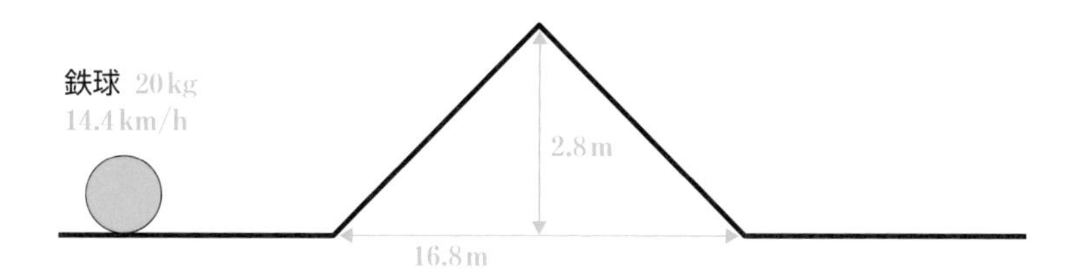

この時、力学的に考えると、0.8mだけ登って、後は転がり落ちるという運動になります。何回やっても同じことの繰り返しです。

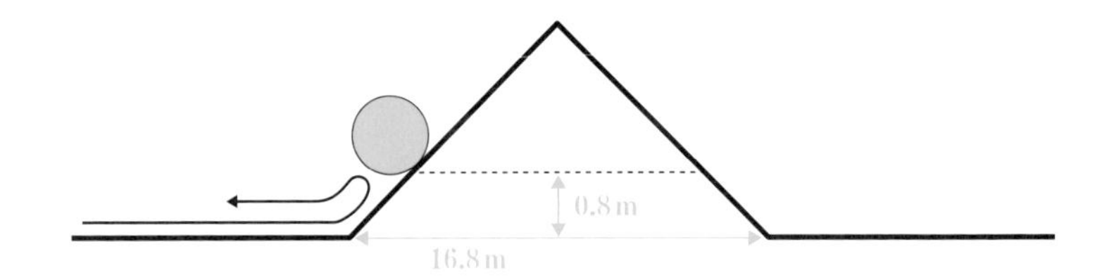

しかし、量子力学的に考えると、この山を越えて、向こう側にトンネルする確率というものが存在してしまいます。

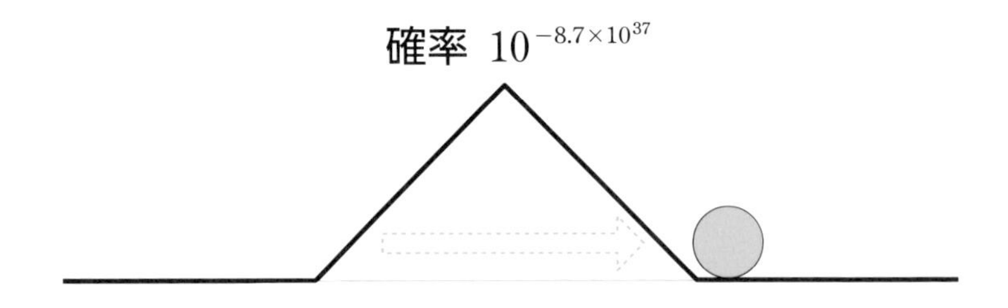

しかし、その確率とは$\frac{1}{10^{8.7\times10^{37}}}$と言葉では言い表わせないほど、小さな数です。だから、この逆数の$10^{8.7\times10^{37}}$は非常に大きな数となります。

よく「1の後に0が37個続く数」などと大きな数を表現することがあります。それに対してこの数は「1の後に0が37個続く数だけ、1の後に0が続く数」となるのです。

そんな大きな数の逆数ということは、これは「少なくとも確率はある。0ではない」というレベルの問題ではなく、物理のスケールで考えると厳密に0とも言えるような数になります。スケールの小ささをわかっていただけるでしょうか？

虚数は次元の違う数

KYOSU FUKUSOSU

Chapter

この５章で扱うものは、「次元が違うもの」を扱う虚数の役割です。
まず、２章で少し紹介した四元数をさらに詳しく説明します。複素数では２つしか数がないので、２次元しか表現できませんが、四元数であれば空間、つまり３次元も表現することができます。
これはわかりやすい次元の拡張です。四元数を学ぶことは、複素数の理解にも役立つことと思います。そして、少しだけですが四元数のその先、八元数の存在についてお伝えします。
その次に、物体を制御する制御工学を通じて、複素数に２つの情報を入れ込んで解析する例を示します。

5-1 四元数とは何か？

これまで、複素数で次元を増やすという話をしてきました。このような話をすると数学者は当然考えることがあります。

複素平面を導入することにより、数直線（1次元）を複素平面（2次元）に拡張できました。ベクトルは2次元でも3次元でも4次元でも、任意の次元を表わせます。だから、3次元以上を表わせる複素数のような数は存在しないのか？　ということです。

この問題に取り組んだのはアイルランドの数学者ハミルトンでした。彼はまずは複素数について研究し、iという虚数単位を使わずに、代数的に複素数の体系を構築することに成功しました。

そんなハミルトンが次に目指したのは、1つの実部と2つの虚部の組で複素数のような四則演算ができて、絶対値が定義され、数学的な積が保たれるような数を発見することでした。つまり、3つの数字を持つ、3次元を表現できる数です。

彼はこの問題に10年近くを費やしたそうですが、失敗に終わります。なぜなら、三元ではそのような数は存在できないからです。

しかしある時、ハミルトンに転機が生じます。1843年の10月16日の月曜日、四元数の元となるアイデアにたどり着いたのです。その瞬間、彼は興奮を抑えきれず、石に下の公式を刻み付けたと言われています。

$$\boldsymbol{i}^2=\boldsymbol{j}^2=\boldsymbol{k}^2=\boldsymbol{ijk}=-1$$

ここからハミルトンは四元数の研究に没頭して、四元数の体系を構築していくのです。

さて、四元数は3つの虚数単位i, j, kを使って、次のように表わされる数です。

四元数の定着

四元数：$a+bi+cj+dk$　（a,b,c,dは実数）

虚数単位i, j, kは次の関係を満たす。

$$i^2=-1,\quad j^2=-1,\quad k^2=-1$$

$$ij=-ji=k,\quad jk=-kj=i,\quad ki=-ik=j$$

お気づきでしょうか？　上の式ではijとjiの符号が反対になっています。すなわち四元数は交換法則が成り立たない数なのです。

つまり、下のような計算をする時に注意が必要になってくるわけですね。

$$\begin{aligned}(2+3j)(4i-k)&=8i-2k+12ji-3jk\\&=8i-2k-12k-3i\\&=5i-14k\end{aligned}$$

そして、複素数$a+bi$（a, bは実数）において、$b=0$とすれば実数となるように、四元数$a+bi+cj+dk$において$c=d=0$とすれば複素数となります。つまり、四元数は複素数を包含した概念ということになります。

ここまで読んできて、交換法則が成り立たない、こんな妙なものを数として考えてよいのか？　という疑問が湧くかもしれません。しかし、この四元数は数として扱うにふさわしい、いくつかの性質を備えています。

最も大事なことは、四元数は積において絶対値を保つことです。このことを順を追って説明したいと思います。

まず、四元数の共役を考えましょう。複素数と同じように考えると四元数の共役は下のように定義されます。

●四元数の共役と絶対値

$\alpha = a + bi + cj + dk$（$a$, b, c, dは実数）という四元数αを考えた時、四元数αの共役$\overline{\alpha}$は次のように表わされる。

$$\overline{\alpha} = \overline{a + bi + cj + dk} = a - bi - cj - dk$$

複素数と同じように共役を使って、四元数αの絶対値$|\alpha|$は下のように与えられる。

$$|\alpha| = \sqrt{\alpha\overline{\alpha}} = \sqrt{\overline{\alpha}\alpha} = \sqrt{a^2 + b^2 + c^2 + d^2}$$

ここで四元数αとβを考えた時、積の絶対値が保たれる、つまり$|\alpha||\beta| = |\alpha\beta|$が成り立つことを示してみましょう。まず、ルートが扱いづらいので両辺を2乗して、示す式を$|\alpha|^2|\beta|^2 = |\alpha\beta|^2$とします。

αとβを次のようにおくと

$\alpha = a + bi + cj + dk$, $\beta = x + yi + zj + wk$（a, b, c, d, x, y, z, wは実数）

$$\alpha\beta = ax - by - cz - dw + (ay + bx + cw - dz)i + (az - bw + cx + dy)j + (aw + bz - cy + dx)k$$

よって、

$$|\alpha\beta|^2 = (ax - by - cz - dw)^2 + (ay + bx + cw - dz)^2 + (az - bw + cx + dy)^2 + (aw + bz - cy + dx)^2$$

一方、$|\alpha|^2 \cdot |\beta|^2 = (a^2 + b^2 + c^2 + d^2)(x^2 + y^2 + z^2 + w^2)$

かなり面倒な計算となるので、途中式は省略しますが、展開して計算す

るとこの2つの式は同じになります。よって$|\alpha||\beta|=|\alpha\beta|$となるわけです。この性質が重要なのです。

先ほど三元数は存在しないという話をしましたが、三元数だとどうしても積で絶対値を保つようにできませんでした。積で絶対値を保てないと、その後の理論の構成は困難です。

積の絶対値が保存されることにより、逆元と呼ばれる実数の逆数のような数も存在することがわかります。ここでどんな四元数にかけても値を変えない四元数1を単位元と呼び、逆元とは四元数にかけると単位元1になる四元数を指します。

四元数の逆元

$\alpha\overline{\alpha}=\overline{\alpha}\alpha=a^2+b^2+c^2+d^2$だから

$$\alpha^{-1}=\frac{1}{a^2+b^2+c^2+d^2}(a-bi-cj-dk)$$とすると

$\alpha\alpha^{-1}=1$　ただし　$\alpha\neq 0$

つまり、実数における逆数に相当する数を四元数でも考えられるわけです。よって、四元数で除算のような計算ができることになります。

四元数はなんといっても、積の交換法則が成り立たないので、実数や複素数の延長線上にある数とは考えにくいのは確かです。

しかし、積は定義できて、絶対値も保存して、逆元も存在します。行列の演算のような性質は満たしているわけです。ですから、ある種の奇妙さは感じるものの、四元数は数として認めるのが妥当と考えられるでしょう。

ちなみに四元数において、方程式$x^2=-1$の解はどうなるでしょうか？実数では解が存在せず、複素数だと$\pm i$と2つの解が存在します。

四元数の場合は明らかに$x=\pm i$，$\pm k$，$\pm j$は解となることがわかるでしょう。これだけで6つです。

さらに、ある0でない四元数βを考えると、$\beta i\,\beta^{-1}$はどんなβであっても、方程式$x^2=-1$の解となることがわかります。

$$(\beta i\beta^{-1})^2=\beta i\beta^{-1}\cdot\beta i\beta^{-1}=-\beta\beta^{-1}=-1$$

つまり、四元数ではこの方程式の解は無限に存在するわけです。代数学の基本定理は四元数では成り立ちません。

ワンポイント　なぜ三元数は存在しないのか？

本書でお伝えしているように、実数が複素数（二元数）に拡張されてきました。これは数を直線（1次元）から平面（2次元）に拡張したことになります。すると次はこのような数を空間（3次元）に拡張しようとします。それが普通の数学の考え方です。

実際に四元数を発見したハミルトンもそのように考えました。当初は三元数の研究を行なっていたのです。しかし、最終的に三元数はうまく構成することはできませんでした。

条件を満たそうとすると、どうしても、1つの実部と3つの虚部が必要となってしまうわけです。三元数は1つの実部と2つの虚部で構成されるはずですが、これではうまくいかないのです。

ここで問題となったのが、積による絶対値の保存でした。

つまり、複素数 α と β において、次の式が成り立ちます。

$$|\boldsymbol{\alpha}||\boldsymbol{\beta}|=|\boldsymbol{\alpha\beta}|$$

$\alpha=a+bi$　$\beta=c+di$ とすると

$(a^2+b^2)(c^2+d^2)=(ac-bd)^2+(ad+bc)^2$ より、$|x|\cdot|y|=|xy|$ が満たされていることがわかります。

これは複素数の応用上でとても重要な性質です。複素数の重要な性質として、複素数 α、β の積 $\alpha\beta$ を考えると、$\alpha\beta$ の絶対値は α の絶対値と β の絶対値の積、そして偏角は α の偏角と β の偏角の和になります。

この性質があるからこそ、「回転を楽に表現できる」という複素数のメリットが出てきたのです。ですから、三元以上の数を考える際にもこの性質は持っていてほしいと考えます。

しかし三元数において、それは不可能であることが後に示されます。フルヴィッツの定理によると、多元数の絶対値（の2乗）を示す下の恒等式は$n=1, 2, 4, 8$の時にしか成り立たないというものです。

$$(a_1^2+a_2^2+a_3^2+\cdots+a_n^2)(b_1^2+b_2^2+b_3^2+\cdots+b_n^2)=c_1^2+c_2^2+c_3^2+\cdots+c_n^2$$

この式は複素数や四元数、あとで紹介する八元数の絶対値（の2乗）そのものになります。つまり、$n=3$でこれが成り立たないということは、求めている絶対値の保存は三元数では不可能ということになります。

ということで、三元数は定義できずに、四元数に移ったのです。四元数の等式はオイラーの四平方恒等式と呼ばれる次の式で表わされます。

$$\begin{aligned}&(a_1^2+a_2^2+a_3^2+a_4^2)(b_1^2+b_2^2+b_3^2+b_4^2)\\&=(a_1b_1+a_2b_2+a_3b_3+a_4b_4)^2+(a_1b_2-a_2b_1+a_3b_4-a_4b_3)^2\\&\quad+(a_1b_3-a_2b_4-a_3b_1+a_4b_2)^2+(a_1b_4+a_2b_3-a_3b_2-a_4b_1)^2\end{aligned}$$

さらに、八元数の等式はデゲンの八平方恒等式と呼ばれ、次のように表わされます。

$$\begin{aligned}&(a_1^2+a_2^2+a_3^2+a_4^2+a_5^2+a_6^2+a_7^2+a_8^2)(b_1^2+b_2^2+b_3^2+b_4^2+b_5^2+b_6^2+b_7^2+b_8^2)=\\&(a_1b_1-a_2b_2-a_3b_3-a_4b_4-a_5b_5-a_6b_6-a_7b_7-a_8b_8)^2+\\&(a_1b_2+a_2b_1+a_3b_4-a_4b_3+a_5b_6-a_6b_5-a_7b_8+a_8b_7)^2+\\&(a_1b_3-a_2b_4+a_3b_1+a_4b_2+a_5b_7+a_6b_8-a_7b_5+a_8b_6)^2+\\&(a_1b_4+a_2b_3-a_3b_2+a_4b_1+a_5b_8-a_6b_7+a_7b_6-a_8b_5)^2+\\&(a_1b_5-a_2b_6-a_3b_7-a_4b_8+a_5b_1+a_6b_2+a_7b_3+a_8b_4)^2+\\&(a_1b_6+a_2b_5-a_3b_8+a_4b_7-a_5b_2+a_6b_1-a_7b_4+a_8b_3)^2+\\&(a_1b_7+a_2b_8+a_3b_5-a_4b_6-a_5b_3+a_6b_4+a_7b_1-a_8b_2)^2+\\&(a_1b_8-a_2b_7+a_3b_6+a_4b_5-a_5b_4-a_6b_3+a_7b_2+a_8b_1)^2\end{aligned}$$

5-2 四元数で回転させる方法

複素数の場合はiをかけることが原点周りの90°の回転を表わすように、とてもシンプルなかけ算で平面の回転を実現できました。

そして四元数も他の方法よりは、はるかにシンプルに回転を実現できます。しかし、3次元の回転になるとパラメータも多くなってやや複雑になります。

ここではどんな四元数でどんな操作をすれば回転を表わせるのかについて説明したいと思います。

まず、最初に結論から入りたいと思います。

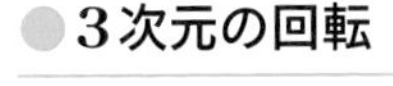

3次元の回転

3次元座標上の点$A(x, y, z)$を単位法線ベクトル$n=(n_x, n_y, n_z)$に垂直な平面上でθ回転させた点$A'(x', y', z')$は、四元数 $A(xi+yj+zk)$、 $A'(x'i+y'j+z'k)$ と

$$q=\cos\frac{\theta}{2}+n\sin\frac{\theta}{2} \quad (n=n_x i+n_y j+n_z k)$$

とするとき

$A'=qA\overline{q} \quad (|q|=1)$で与えられる。

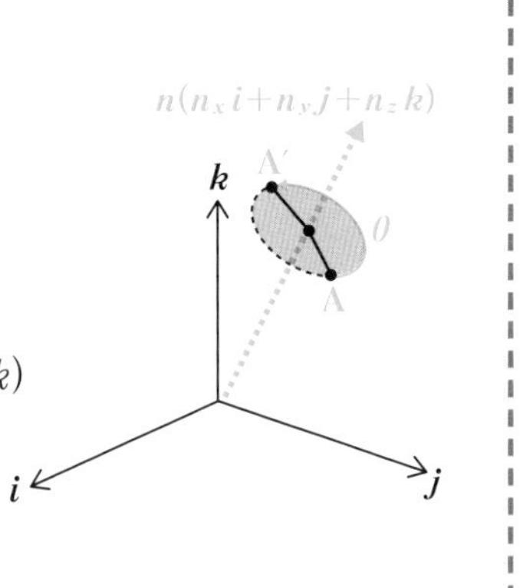

ただかけるだけだった複素数と比べてはるかに複雑になっていますので、順を追って説明します。

まず、複素数の時は偏角θで絶対値が1の複素数をかけることで、平面の回転を表わしていました。しかし、四元数では積の交換法則が成り立たないので、それだけで表現することはできません。ですから、回転を表わす四元数をqとその共役である$\bar{q}$で、回転される四元数をはさむ形で表わされています。

また、3次元での回転なので回転軸を定めなければいけません。その回転軸を表わすn（単位法線ベクトル）が入る分、複雑になっています。

「簡単に回転が表現できる」と言っても、全然簡単ではないじゃないか、と思う人もいるかもしれません。実はこれは十分簡単です。つまり、回転はオイラー角や行列を使って表現できますが、3次元の回転はこの四元数の回転よりはるかに複雑なのです（詳細は2章に戻って、確認してみてください）。

下に具体的にxy平面内（法線ベクトルはz軸方向の単位ベクトル）に90°回転させたときの計算例を示します。たしかに90°回転できていることがわかります。

xy平面上で点$a(1,\ 0,\ 0)$、つまりiを90°回転させることを考える

xy平面の単位法線ベクトルはz方向の$n(0,\ 0,\ 1)$で、四元数で表わすとkとなる（$|k|=1$）

この時、回転を表わす四元数qは

$$q=\cos\frac{\theta}{2}+n\sin\frac{\theta}{2}\quad(n=n_1 i+n_2 j+n_3 k)\text{で与えられる}$$

この回転は、$\theta=\dfrac{\pi}{2}$　$n_1=0$　$n_2=0$　$n_3=1$となるので

$$q=\cos\frac{\pi}{4}+k\sin\frac{\pi}{4}=\frac{1}{\sqrt{2}}+\frac{k}{\sqrt{2}}$$

よって回転後の点をβと置くと

$$\begin{aligned}\beta=q\alpha\bar{q}&=\left(\frac{1}{\sqrt{2}}+\frac{k}{\sqrt{2}}\right)i\left(\frac{1}{\sqrt{2}}-\frac{k}{\sqrt{2}}\right)\\&=\frac{1}{2}(i+j)(1-k)\\&=\frac{1}{2}(i-ik+j-jk)\\&=j\end{aligned}$$

よって回転後の点βは$\beta(0,\ 1,\ 0)$、つまりjとなる

それでも見通しが悪く感じるかもしれません。ここでは四元数のオイラーの公式を示したいと思います。

四元数のオイラーの公式は次のように与えられます。

●四元数のオイラーの公式

$$e^{i\theta+j\phi+k\psi}=\cos\sqrt{\theta^2+\phi^2+\psi^2}+\frac{i\theta+j\phi+k\psi}{\sqrt{\theta^2+\phi^2+\psi^2}}\sin\sqrt{\theta^2+\phi^2+\psi^2}$$

この時、$e^{i\theta+j\phi+k\psi}$の絶対値は1ですから $q=e^{i\theta+j\phi+k\psi}$とすると、$A'=qA\bar{q}$は、3次元平面上で法線ベクトルを$\vec{n}=\dfrac{1}{\sqrt{\theta^2+\phi^2+\psi^2}}(\theta,\ \phi,\ \psi)$とした時の$2\sqrt{\theta^2+\phi^2+\psi^2}$回転を表わしていると考えられます。

簡単な回転の例を考えてみましょう。

例えば、yz平面上の回転を考える時には、法線ベクトルは$(1,\ 0,\ 0)$ですから、$\phi=0,\ \psi=0$となります。この時に、四元数のオイラーの式は$e^{i\theta}$となります。

ですので、点 α を点 β に回転する式は下のように与えられます。

$$\beta = q\alpha\overline{q} = e^{i\theta}\alpha e^{-i\theta}$$

複素数の回転の場合は、ある複素数に単純に$e^{i\theta}$をかけることで、原点周りのθ 回転を表わすことができていました。

そのような観点で見ると、四元数になると回転は$e^{i\theta}\alpha e^{-i\theta}$と表わされます。これは$e^{i\theta}$を2回かけているので、$2\theta$ の回転を表わすと考えると理解しやすいと思います。

5-3 そして八元数へ

このような四元数がハミルトンにより発見されました。そして、こんな流れになると更なる拡張ができないか、と考えるのが数学者の特性です。何人かの数学者たちは早速、さらなる次元の拡張に取り組みます。

そして、1843年の四元数の発見の2年後の1845年、ケーリーやグレイブスによって発見されたのが八元数（オクトニオン）です。

四元数から考えると、これは7つの虚数単位i, j, k, l, m, o, pと1つの実部を使って"$a+bi+cj+dk+em+fo+gp$"と表わすのが自然かもしれません。しかし、虚数単位の数があまりに多くなって混乱するので、虚数単位に番号を振って$e_1, e_2, e_3, e_4, e_5, e_6, e_7$とすることが一般的です。

虚数単位は$e_1^2=-1$など､それぞれの虚数単位を2乗すると-1となります。そして四元数がそうであったように、交換法則は成り立ちません。

例えば$e_2 e_3 = = -e_3 e_2 = e_1$となります。7つの虚数単位の積$e_x e_y$関係は、下の表のようになっています。

e_x \ e_y	e_1	e_2	e_3	e_4	e_5	e_6	e_7
e_1	-1	e_3	$-e_2$	e_5	$-e_4$	$-e_7$	e_6
e_2	$-e_3$	-1	e_1	e_6	e_7	$-e_4$	$-e_5$
e_3	e_2	$-e_1$	-1	e_7	$-e_6$	e_5	$-e_4$
e_4	$-e_5$	$-e_6$	$-e_7$	-1	e_1	e_2	e_3
e_5	e_4	$-e_7$	e_6	$-e_1$	-1	$-e_3$	e_2
e_6	e_7	e_4	$-e_5$	$-e_2$	e_3	-1	$-e_1$
e_7	$-e_6$	e_5	e_4	$-e_3$	$-e_2$	e_1	-1

そして、複素数から四元数への拡張で交換法則を満たさなくなったよう

に、四元数から八元数への拡張で一つの法則が崩れます。それは結合法則です。

つまり、$e_1e_2e_7$ という積を考えた時に (e_1e_2) を先に計算すると $(e_1e_2)e_7=e_3e_7=-e_4$ となります。しかし e_2e_7 を先に計算すると $e_1(e_2e_7)=e_1(-e_5)=e_4$ となります。だから、$(e_1e_2)e_7 \neq e_1(e_2e_7)$ となってしまうのです。

しかしながら、共役や絶対値を四元数と同じように定義した時に、積の絶対値は保存されます。つまり、ある八元数 α や β がある時に下の式が成り立ちます。ここで四元数の時と同じように $|\alpha|$ は α の絶対値を示しています。

八元数の共役・絶対値・積

$\alpha=a_0+a_1e_1+a_2e_2+a_3e_3+a_4e_4+a_5e_5+a_6e_6+a_7e_7$ とすると

共役： $\overline{\alpha}=a_0-a_1e_1-a_2e_2-a_3e_3-a_4e_4-a_5e_5-a_6e_6-a_7e_7$

絶対値： $|\alpha|=\sqrt{\alpha\overline{\alpha}}=\sqrt{a_0^2+a_1^2+a_2^2+a_3^2+a_4^2+a_5^2+a_6^2+a_7^2}$

$$\beta=b_0+b_1e_1+b_2e_2+b_3e_3+b_4e_4+b_5e_5+b_6e_6+b_7e_7$$

とすると

$|\alpha||\beta|=|\alpha\beta|$ が成り立つ

単位元や逆元も存在します。つまり下のようになるので、商にあたる計算も定義できます。

$\alpha^{-1}=\dfrac{\overline{\alpha}}{|\alpha|^2}$ とすると $\alpha\alpha^{-1}=\alpha^{-1}\alpha=1$

補足すると、この場合は単位元とは右からかけても、左からかけても元の数を変えない数で、この場合は1です。また、逆元とはかけると単位元である1になる数、つまり逆数になります。
交換法則に加え、結合法則まで成り立たなくなるものの、最低限の数としての法則は維持していると考えてもよいのかもしれません。

ちなみに八元数が発見されたのち、数学者は当然のように十六元数、三十二元数の開発に着手します。しかしながら、八元数以上の数では積が絶対値を保つように構成できないことがわかっています。つまり、数a, bが存在した時にその絶対値の積$|a||b|$と積の絶対値$|ab|$が一般的に等しくないということです。

また、三元数や五元数の場合も積の絶対値は保存しませんが、これが保存するのは一元（実数）、二元（複素数）、四元、八元の4種類しかないことがわかっています（155ページの「なぜ三元数は存在しないのか？」を参照）。

それを無視して無理やり$e_1 \sim e_{16}$で数らしきもの、十六元数を作ることは可能ですが、これはもう普通の「数」とは呼べないというのが一般的な認識です。
つまり、「積が絶対値を保つ」という条件では、数の拡張は八元数が最終形態ということが示されたことになります。

ちなみに八元数が応用されている分野についてのお話ですが、今の段階では八元数は数学の世界の興味にすぎません。四元数が3Dや飛行物の制御などで活躍していることから考えると、応用されている分野はほとんどないと言えます。

しかしながら、実世界（物理学・テクノロジー）の発展は、しばしば数学からは遅れているものです。例えば、リーマン幾何学という数学の分野は、アインシュタインの相対性理論への応用によって、数学以外の分野でも使われるようになりました。

そもそも複素数（2次元）も、最初に発見されてから、長い間数学の世界だけの関心ごとだとされていました。しかし後に、本書でお伝えしているように、様々な分野で応用されるようになったのです。

そういう意味では将来八元数が何かに応用され、科学技術を支えるようになる未来が来る可能性は、十分にあると考えています。

5-4 車の姿勢を制御する2つの要素

次に虚数を使って、次元の違うものを1つの関数に入れ込む例として、制御工学の伝達関数について紹介したいと思います。まずは自動車の例から、「制御」という言葉の中身を理解していただきましょう。

近年、自動車の技術の進化が劇的になっています。特に自動運転の技術は、ほぼ人の手を加えずにしっかり車を制御できるようになっていますし、危険回避の技術は完全に人間を超えていると思います。

自動車の技術に限らず、コンピュータに何かを制御させるための「制御理論」という学問があります。その根底の技術であるラプラス変換と複素数の関係について説明します。

ラプラス変換や数学について語る前に、「制御理論」を身近に感じていただくために、自動車の制御の話をしたいと思います。

例えば、ESC（Electronic Stability Control）という、車の姿勢を制御するシステムがあります。これは滑りやすい路面を安定して走るために役立ちます。

車が曲がる時、正常であれば次の図のように4つのタイヤが滑らずに、ABCDとしっかり曲がっていきます。そして、進路を変えていくわけです。

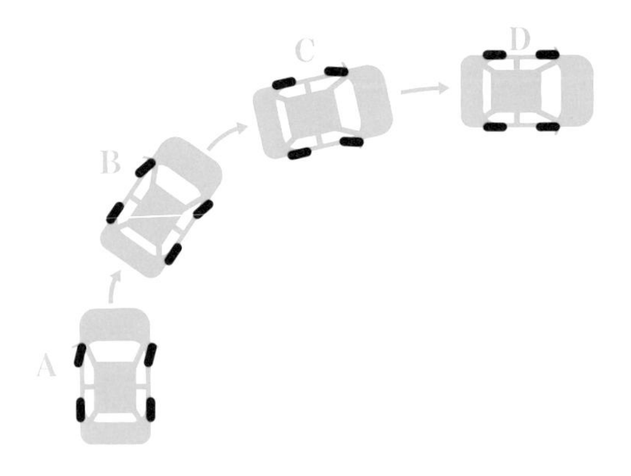

しかし、例えば雪道でスピンする車を考えてみましょう。ここでBの地点で後輪が滑ったとします。すると、車が右周りに回転を始めてコントロールを失ってしまいます。

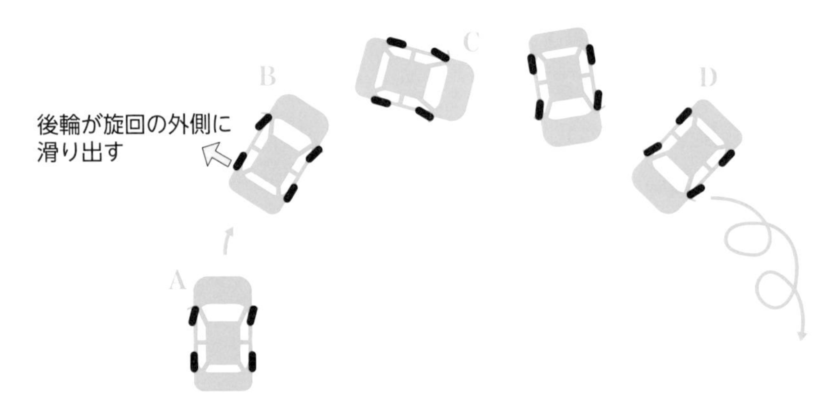

しかし滑った時に、ハンドルを左に切ると、回転しようとする力を打ち消すことができます。これをカウンターと呼びます。

こうやって車の姿勢を制御できるとよいのですが、プロのレーサーならまだしも、一般の人がこれを適切に行なうのは難しいです。

どれだけのカウンターをどのくらいの時間行なうかが難しく、経験とスキルが必要になってくるのです。

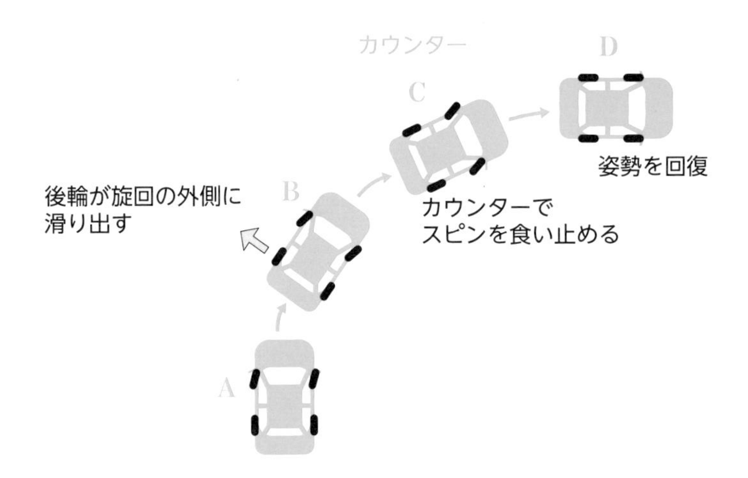

だから多くの場合、下のようになります。後輪が滑り始めて、カウンターとして左にハンドルを切るのはよいのですが、このハンドルを切りすぎてしまうのです。

すると、一旦は姿勢を制御できたように見えますが、今度は切りすぎてしまった反動で逆方向に後輪が滑り出します。そして、また逆方向にハンドルをきろうとしますが、間に合わずに右に左にと後輪が滑ってしまいます。最終的に制御不能に陥り、やっぱりスピンしてしまうわけです。

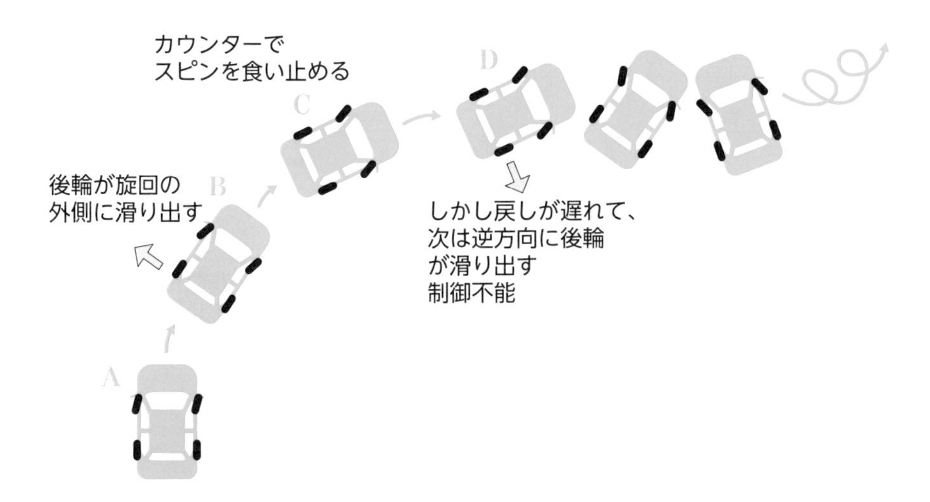

このような制御を行なう際に、重要になることが、ハンドルを回転させる量とその遅れです。
ハンドルを回転させる量は、わかりやすいでしょう。姿勢を安定化するのに必要な量だけハンドルを回転させるわけです。必要以上にハンドルを回転させると、かえって車が不安定になってしまいます。

そして、「遅れ」も重要です。スピンする時の図で、後輪が滑り始めた時、すぐに反応できれば、姿勢を制御できるでしょう。しかしながら、反応するのに必ず遅れは生じます。
まず状況を認識するのに時間がかかってしまいます。そして、ハンドルを回すのにも時間がかかるし、ハンドルの回転がタイヤに伝わるのにも時間がかかり、どうしても遅れが生じます。その遅れも車を制御する重要な要件となるのです。

このような制御を電子的に行なって、車の姿勢を制御するシステムがESC（Electronic Stability Control）です。ESCは滑りを検知すると、ハンドルではなく、車輪のトルク（回転する力）を左右別にコントロールすることによって、車の姿勢を制御します。

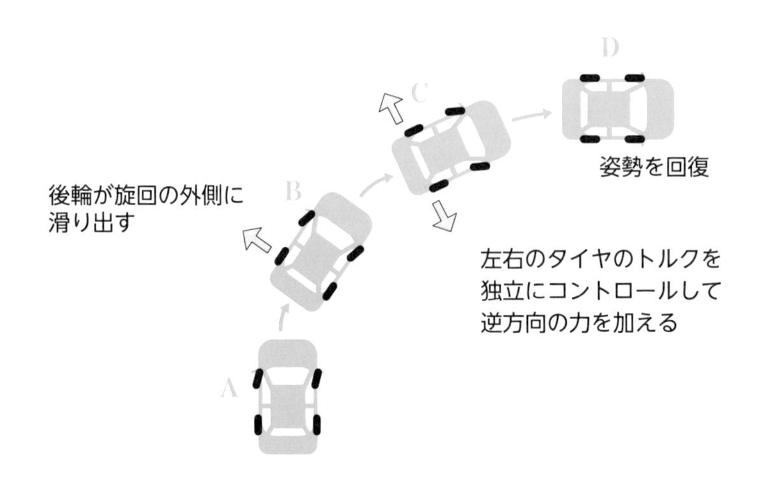

その制御を行なう時にも大事なのが、トルクの大きさとその遅れになります。

出力の大きさはシンプルで、車輪のトルクを変えた時にどれだけ車の姿勢が変わるのかというものです。電子的に必要なトルクを計算して、タイヤをコントロールします。

そして、「遅れ」です。もしかすると、電子制御だと遅れはないと思われる人もいるかもしれません。しかし、電子制御の遅れが小さいにしても、タイヤをコントロールするには、ブレーキなど、機械的な動作が必要になりますから、必ず遅れは生じます。

前置きが長くなりましたが、この「大きさ」と「遅れ」を同時に扱うために、虚数が使われます。

次の節で時間領域の関数をs（複素数）領域に拡張するラプラス変換を紹介して、「大きさ」と「遅れ」を複素数でどう解析するかについてお伝えしたいと思います。

5-5 ラプラス変換で微分方程式が簡単に解ける

このような制御の問題で使われるのが、ラプラス変換です。

4章でフーリエ変換のお話をしましたが、計算の方法自体はフーリエ変換と近いものと考えてもらうとよいと思います。

ラプラス変換は時間の関数$f(t)$をsの関数$F(s)$に変換します。sは複素数です。フーリエ変換のように、「周波数領域の関数」といった意味はまずは考えないでください。数学の形式的な手続きだと考えた方が理解がしやすいでしょう。

$$f(t)=\lim_{p\to\infty}\frac{1}{2\pi i}\int_{c-ip}^{c+ip}F(s)e^{st}\,ds \quad \xrightarrow{\text{ラプラス変換}} \quad F(s)=\int_0^{\infty}f(t)e^{-st}\,dt$$

$$\xleftarrow{\text{逆ラプラス変換}}$$

時間の関数　　　　s（複素数）の関数

特に逆ラプラス変換は計算が複雑そうではありますが、実際に計算をすることはほとんどありませんので安心してください。

次に時間が変数の実数関数$f(t)$をラプラス変換とフーリエ変換した式を示します。よく似ていますが、積分範囲と変数が異なります。

積分範囲はラプラス変換は0から∞ですが、フーリエ変換は−∞から∞です。変数はラプラス変換は複素数sの部分が、フーリエ変換では$i\omega$（ωは実数）に置き換えた形になっています。

●ラプラス変換

$$F(s)=\int_0^{\infty} f(t)e^{-st}\,dt$$

●フーリエ変換

$$F(\omega)=\int_{-\infty}^{+\infty} f(t)e^{-i\omega t}\,dt$$

ラプラス変換には、制御の問題を解くにあたって、2つの大きなメリットがあります。1つめは微分方程式を簡単に解けるようになること（微分方程式について3章115ページで簡単に解説しました）、2つめは周波数応答を求められることです。

まずは、1つめの微分方程式が簡単に解けることについて説明します。ここでは微分方程式にラプラス変換を適用すると、微分や積分が簡単に表わされることが重要です。

微分方程式をラプラス変換した時に、ラプラス変換は次のように表わされます（下において $f(t)$ のラプラス変換が $F(s)$ となっています）。

微分のラプラス変換： $\dfrac{df(t)}{dt}$ → ラプラス変換 → $sF(s)-f(0)$

s を掛ける

積分のラプラス変換： $\displaystyle\int_0^t f(u)du$ → ラプラス変換 → $\dfrac{1}{s}F(s)$

s で割る

微分や積分の計算はとても面倒ですが、ラプラス変換を使うとただの s をかけることや s で割ることに変換できるので使いやすいのです。

そしてラプラス変換は計算するよりも、下のような表を見ながら計算するケースが多いです。これが最初に「ラプラス変換は、実際に積分計算をすることはほとんどない」と書いた理由になります。

ラプラス変換

変換前	変換後
1	$\frac{1}{s}$
t	$\frac{1}{s^2}$
$e^{-\alpha t}$	$\frac{1}{s+\alpha}$
$\sin\omega t$	$\frac{\omega}{s^2+\omega^2}$
$\cos\omega t$	$\frac{s}{s^2+\omega^2}$

逆ラプラス変換

おおざっぱに言うと、与えられた微分方程式をこの表を使って、変換後の式に変えていきます。繰り返しになりますが、微分や積分が簡単な形に変換できるところがラプラス変換の有利なところです。

そして、変換後の式を使って微分方程式の項を整理します。その後でこの表を逆に使って、ラプラス変換前の関数に戻せば、時間の関数である$f(t)$が求められる。つまり微分方程式が簡単に解けるのです。

微分方程式の解法の話は本書では、この辺りで終わります。さらにご興味のある方はぜひご自身で学んでください。

5-6 ラプラス変換で周波数応答を求める

次はいよいよメインテーマになります。先ほどお伝えしたラプラス変換のメリットの2つ目である周波数応答を求められることについて説明します。

5−4節で、例えば車の動きを制御する時には「大きさ」と「遅れ」を扱うことが大事だ、とお伝えしました。

制御の理論では周期的な正弦波のような入力を想定します。そして「大きさ」はゲイン、「遅れ」は位相の遅れとして扱います。

これだけでは理解が難しいと思うので、例をあげて説明します。例えば、車を同じ速度で走らせながら、ある周期でハンドルを左右にきることを考えます。

このスピードが十分ゆっくりであれば、右にハンドルをきれば右に曲がり、左にハンドルをきれば左に曲がります。この動作は完全に追従するでしょう。つまり、下の図のようになります。

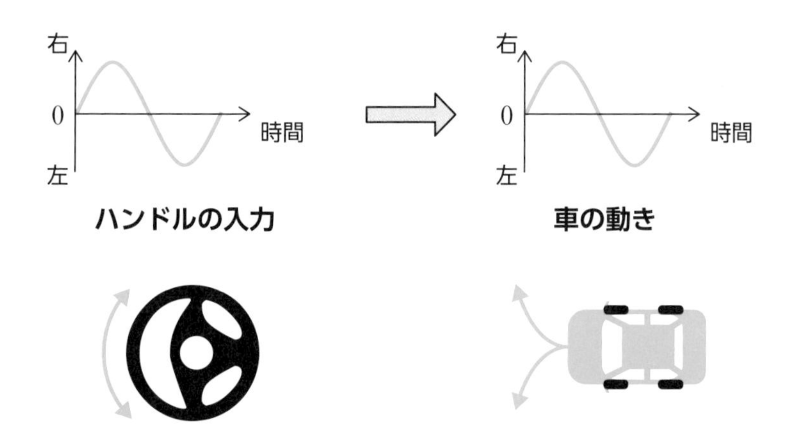

一方、例えば1秒間に5回ハンドルを左右に切るなど、極端に速く動かしたことを考えましょう。この場合、ハンドルを動かしても、タイヤに動力が伝わるまでに遅れが生じるので、ハンドルを動かしても車はほとんど左右に動かないことが想像できるでしょう。つまり、次のようにほんの少ししか車は左右に動かないわけです。

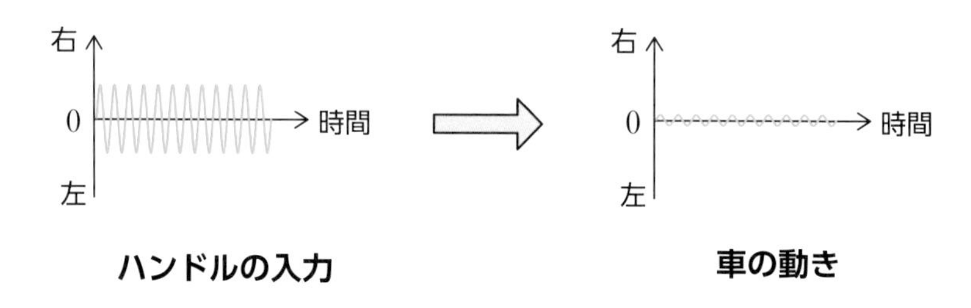

このようにハンドルの入力の周期が短くなる（動きが速くなる）にしたがって、車の動きは小さくなります。この大きさの比が「ゲイン」となります。

次に「遅れ」です。電子制御であっても、機械的なスピードの遅さがあるので、ハンドルを回してもすぐに車が曲がり始めるわけではありません。タイムラグが生じます。この遅れが問題となります。

遅れが生じた場合のハンドルの入力と車の動きを図にしました。遅れがわかりやすいように、入力と動きを1つのグラフに書いています。

このあたりの感覚は、2章で説明した交流の電圧と電流の位相の遅れに近いものになります。

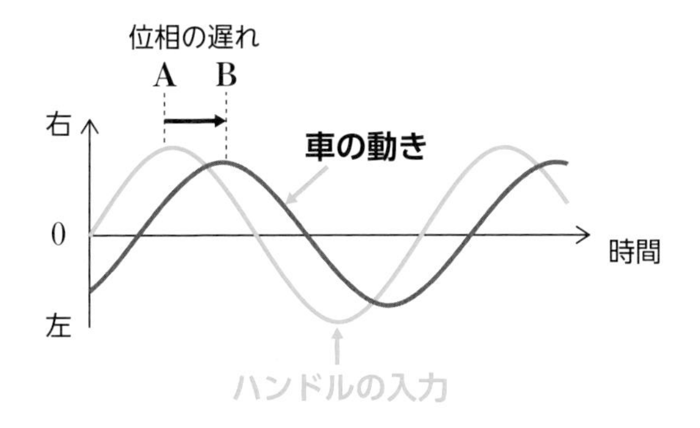

ここでハンドルを周期的に右左に回していますが、ハンドルを右に一番大きくきった時間Aと、実際に車が一番右に曲がっている時間Bにズレが生じていることがわかります。これが今、問題にしている遅れです。

この遅れは単に時間の問題ではありません。例えば0.5秒の反応遅れがあったとして、ハンドルをゆっくり回しているときと、速く回している時では、全く重大性が違うからです。当然、速く回している時の方が、遅れの意味は重大になります。

ですから、遅れは時間でなく位相（角度）の形で記述します。例えば、ハンドルを1回転させるのに5秒かかる速さで回している時、0.5秒は$\frac{1}{10}$周期ですから、角度で36°（弧度法だと$\frac{\pi}{5}$）の遅れと表現します。

一方、ハンドルを1回転させるのに2秒かかる速さで回している時、0.5秒は$\frac{1}{4}$周期ですから90°（弧度法だと$\frac{\pi}{2}$）の遅れと表現するわけです。

同じ時間の遅れであっても、位相に直すと$\frac{90}{36}=2.5$倍の差が出ます。

制御理論では、この例におけるハンドルを回した量（入力）と車の動き（出力）をラプラス変換したものの比を伝達関数と言います。言い換えると、ラプラス変換した入力に伝達関数をかけたものが、ラプラス変換した出力となるわけです。

先ほどの例において、ハンドルをどれだけ回したかという時間の関数が$x(t)$、それに対して、車がどれだけ左右に動くかという関数が$y(t)$になります。

そして、$x(t)$をラプラス変換した関数が$X(s)$、$y(t)$をラプラス変換した関数が$Y(s)$、そして$X(s)$と$Y(s)$の比を$F(s)=\dfrac{Y(s)}{X(s)}$と定義して、これが伝達関数となるわけです。

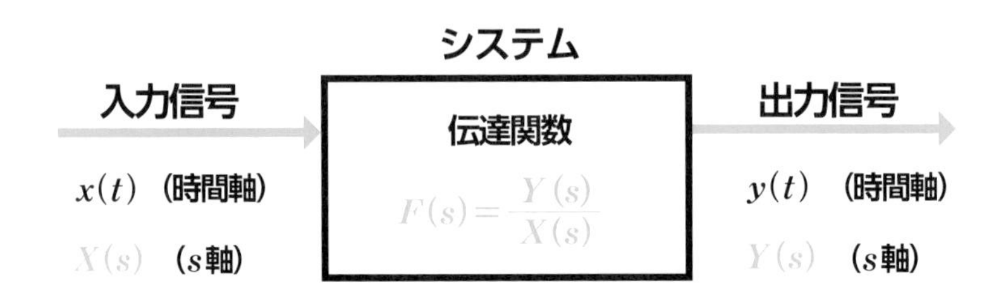

念のため先ほどの節で紹介したラプラス変換の式を再び示します。ラプラス変換は時間領域の関数$f(t)$をs領域の関数$F(s)$に変換するもので、フーリエ変換と似た形で表わされます。ここでsは複素数です。

$$F(s)=\int_0^\infty f(t)e^{-st}\,dt$$

ただし、フーリエ変換は実関数をsinやcosの三角関数（実関数）で表わすための変換でした。つまり、虚数を使ってはいますが、実関数を表わすために虚数が裏方にいるだけと考えられます。

しかし、このラプラス変換して得られた$F(s)$は虚部にも意味のある情報が入っています。決して裏方などではありません。

伝達関数$F(s)$には周波数応答の情報が含まれています。

$F(s)$において$s=i\omega$とすると、$F(s)$で表わされるシステムの周波数特性が得られます。

つまり$F(i\omega)$の大きさ$|F(i\omega)|$がゲインで、偏角$\arg(F(i\omega))$が位相の遅れを表わしています。

こんな意味で伝達関数は、虚数を使って次元の違う2つの量（ゲインと位相）を1つのものに詰め込んだ例と言えます。

そして、このゲインと位相を1つのグラフに示したものをボード線図と呼び、制御理論での基本的な図となります。

このボード線図を使って、どんな状況の時に、どれだけハンドルを操作するかなど、自動運転におけるパラメータを調整します。

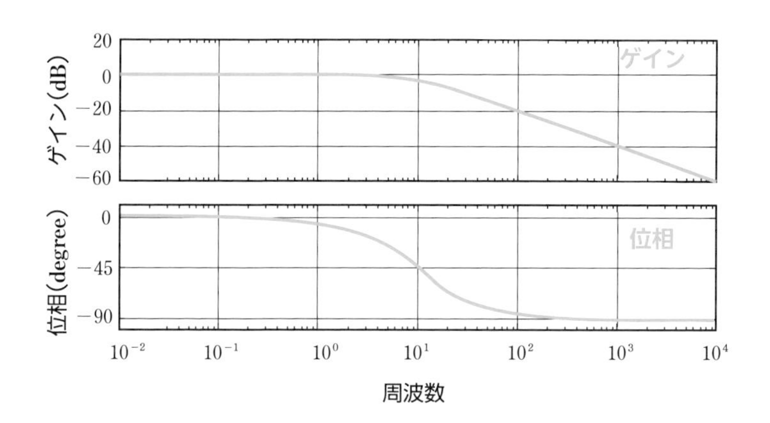

そして自動制御を行なう時にはセンサーで実際の状態をモニターしていますので、その結果がまた制御システムに入って、入力を調整します。その働きをフィードバックと呼び、その設計にラプラス変換や虚数が使われているわけです。

その他にも伝達関数を解析することで、系の安定性を評価することもできます。

例えば、この制御理論はお湯を沸かすといった、温度の制御にも応用可能です。

この時、温度を制御させる装置が暴走した状態になり、温度をどんどん上げてしまう、というようなことがあります。これが不安定な状態で、制御装置としてはそのような状態になってはいけません。

安定性を解析することで、そんな不安定な状態にならないかどうか確かめることができるわけです。

このようにラプラス変換により、時間領域だけでは解析できない様々な情報を加えることができます。それは、変数をt（実数の時間）から、s（複素数）に変換したからです。すなわち虚数を使って情報を増やしているから、とも考えられるわけです。

虚数の美しさとは何だろう

KYOSU FUKUSOSU

Chapter

6章では今までの実用的な話とは少し離れて、虚数の美しさについてお伝えしたいと思います。虚数の美しさとは、式の見た目の美しさ、複素平面に図示した時の幾何的な美しさ、そして「完全」な数としての美しさ、があると考えています。
「数学の美なんてわからないよ」という方も、数学はどういうものを美しいとするかは理解できると思いますので、ぜひ虚数の美しさに触れてみてください。

6-1 オイラーの等式は何が美しいのか？

「虚数の美しさ」と聞いて真っ先に思いつくのが、オイラーの等式です。これは数学の中でもっとも美しい式と言われています。

この式の導出は簡単で、オイラーの公式$e^{i\theta}=\cos\theta+i\sin\theta$において、$\theta=\pi$を代入します。すると下の式が得られます。

$$e^{i\pi}+1=0$$

この等式がなぜ美しいと言われるのか？　一番大きな理由はこの単純な式の中に、数学の膨大な要素が詰め込まれているからです。数学は多くの情報をシンプルに伝えることに美しさを見出す学問なのです。

まず、このオイラーの等式には、ネイピア数e、円周率π、虚数単位iといった数学の基本となる数が含まれています。その上、0と1という基本的な数字と等号「＝」で構成されていて、ムダなものがありません。これこそがオイラーの等式の美しさというわけです。

その美しさがよくわからないという方は、この式を美しいと決めて見てみるとよいと思います。絵画などの美術を理解するために必要なのは、「本物に触れる」ことだ、と言われています。数学の世界でも、美しいと言われるものに触れることにより、その価値が理解できるようになるものなのかもしれません。

なお、この等式において1を右辺に移項した式もあり、これもオイラーの等式と呼ばれています。

$$e^{i\pi}=-1$$

この式は0が消え、代わりにマイナスの記号「−」が現れています。先ほどの式とこちらの式、どちらが美しく感じるでしょうか？　これは意見が分かれるところです。

さらにこのオイラーの等式の対数をとると下の式となります。

$$\log_e(-1)=i\pi$$

この式はさらにlogが出てきて情報量が多くなります。しかし、"−1"にあるかっこが邪魔なのが少し残念です。

さらに円周率の定義がおかしいと主張する人もいます。円周率を円周と半径の比の値で定義すれば、オイラーの等式はより美しくなると言うのです。

円周率は円周と直径の比の値ですが、円はある点からの等距離にある点の集合ですから、直径よりも半径が基本的な数字です。

ですから円周と半径の比の値「半径の円周率」をπ'を考えてみます。すると、$\pi'=2\pi(\pi'=6.28\cdots\cdots)$となるわけです。

この時、$e^{i\pi'}=e^{2i\pi}=1$となります。つまり、「半径の円周率」を使うとオイラーの等式は次のようになります。

$$e^{i\pi'}-1=0 \qquad e^{i\pi'}=1$$

このあたりは感性の問題ですので、ぜひ自分が好きなオイラーの等式を探して見つけてみてください。

6-2 方程式を幾何的に表わす

複素数の世界は複素平面に表わされます。だから、数が図形として表わされるわけです。そのような幾何的な美しさも虚数の魅力の一つです。

この視点で特に有名なものが、1のn乗根です。つまり、$x^n=1$（nは自然数）を満たすxです。これは実数の世界では、nが奇数であれば$x=1$しか解を持ちませんし、nが偶数であると$x=\pm1$の2つの解を持ちます。

しかし、これを複素数zに拡張すると、$z^n=1$はn個の解を持ちます。つまり、$n=3$なら3個の解を持つし、$n=6$なら6個の解を持つわけです。

これらの解を複素平面上に示すことを考えてみましょう。

ある複素数zを極形式で表わすと次のようになります。

$$z=r(\cos\theta+i\sin\theta)$$

これが方程式$z^n=1$の解だとすると、ド・モアブルの定理を使って、次のようになります。

$$\begin{aligned} z^n &= r^n(\cos\theta+i\sin\theta)^n \\ &= r^n(\cos n\theta+i\sin n\theta) \\ &= 1 \end{aligned}$$

ここで$r^n(\cos n\theta+i\sin n\theta)=1$の絶対値と偏角を比較します。絶対値を比較すると$r^n=1$より$r=1$となります。$r=1$ということは、これらの解は単位円上に図示されることがわかります。

次に偏角を比較すると、1の偏角は0でもよいし、2πの倍数と考えてもよいので、$n\theta = 2m\pi(m = 0, 1, 2, \cdots\cdots)$となります。

まず簡単な$n = 2$の例を考えてみます。この場合$2\theta = 0, 2\pi, 4\pi, \cdots\cdots$、となりますが、$\theta$ の値は$0 \leqq \theta < 2\pi$ となるので、θ は0とπになります。θが0の時は$z = 1$、θ がπの時は$z = -1$、つまり$z = \pm 1$と求められます。これを図示すると下のようになります。つまり、実軸上に2つの解が表わされます。

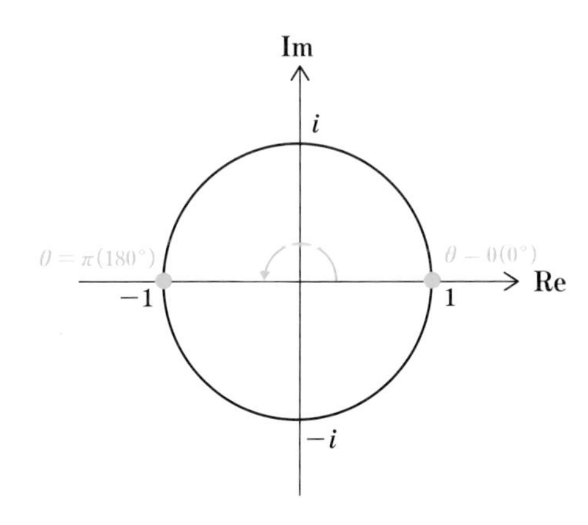

次に$n = 3$の時を考えてみましょう。この場合、$3\theta = 2m\pi$となって、θは0のほか、$\frac{2}{3}\pi$ $(m = 1)$や$\frac{4}{3}\pi$ $(m = 2)$も解になることがわかります。

これを図示すると次のようになります。つまり、$n = 3$の時単位円上で、1（$r = 1$、$\theta = 0$）を1つの頂点とする正三角形上に解が位置するのです。

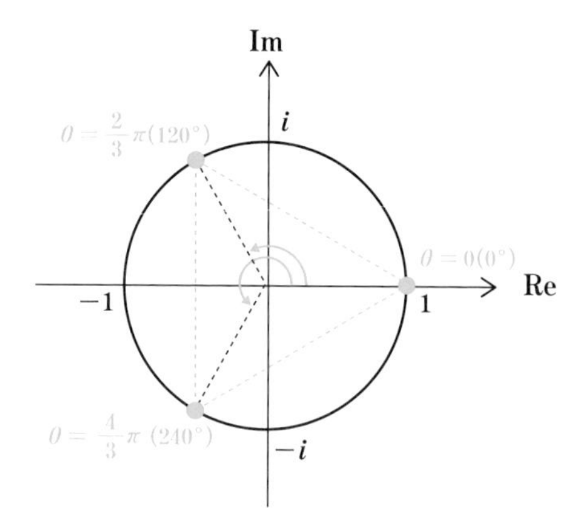

これをn乗根に拡張すると、1のn乗根は複素平面上で原点を中心とする正n角形上に位置することになります。

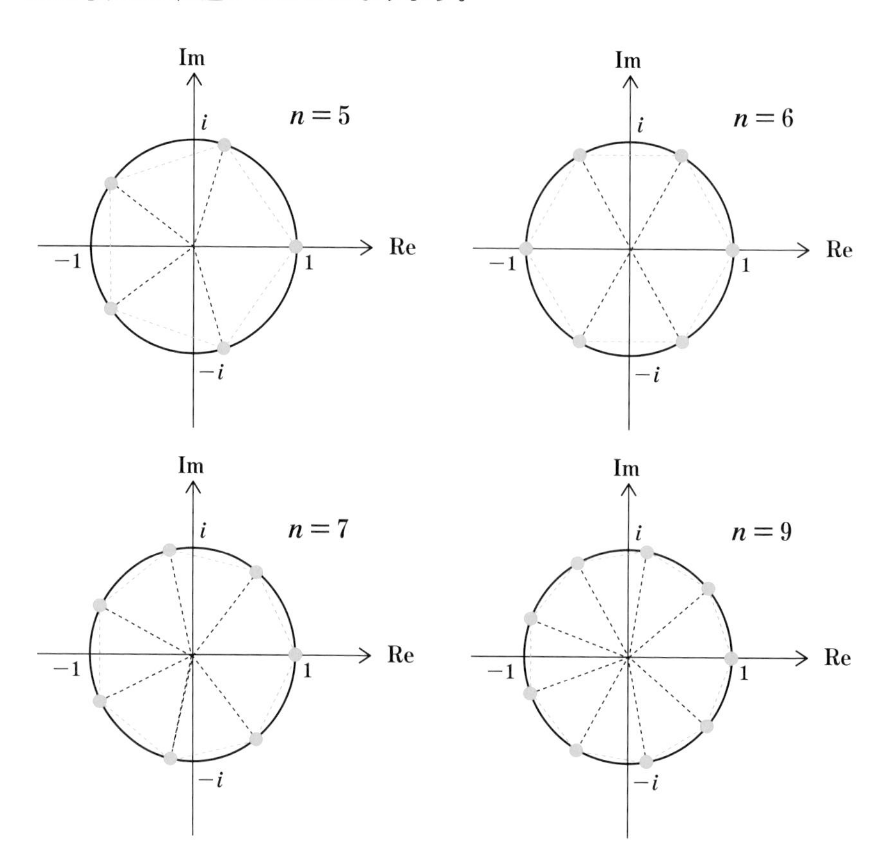

このように方程式の解を複素平面上に図示できること、その図形の美しさというものも、虚数の美しさの一部となっています。

6-3 マンデルブロ集合によるフラクタル

フラクタルとはどれだけ大きくしても、どれだけ小さくしても同じような形が繰り返される図形のことを指します。それらは自然の中にもたくさん存在しています。例えば、植物の葉っぱの形や海岸線、雷の形などもフラクタルの形をしていると言われています。

複素平面上に描かれる美しい図形として、特に有名なものがマンデルブロ集合です。マンデルブロ集合とは、ある条件を満たす複素数で、その領域を複素平面上に図示すると下の図のようなフラクタル形状になることが知られています。

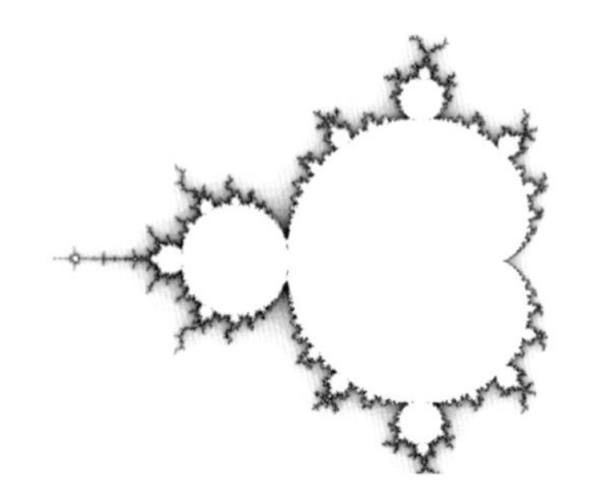

この図形の複雑さに比べて、マンデルブロ集合を定義する式はとても単純です。

$$z_{n+1} = {z_n}^2 + c$$

$z_0 = 0$として、ある複素数cにおいて、上の定義式からz_1, z_2, z_3, ……を計算します。その複素数列の絶対値が∞に発散しなければ（振動か収束すれば)、そのcはマンデルブロ集合に属します。一方、絶対値が∞に発散すればマンデルブロ集合に属さない複素数ということになります。

たとえば$c=0$の時には明らかに$z_1=z_2=z_3=\cdots\cdots=z_\infty=0$となります。すなわち、0に収束していますから、$c=0$はマンデルブロ集合の要素です。$c=-1$の場合は$-1$, 0, -1, 0, ……と振動することがわかります。この場合は∞に発散していないので、これもマンデルブロ集合に属します。

一方、$c=1+i$とすると、5項目まで計算すると次のようになります。

$$
\begin{aligned}
&z_{n+1}=z_n{}^2+(1+i)\\
&z_1=z_0{}^2+c=0^2+(1+i)=1+i\\
&z_2=z_1{}^2+c=(1+i)^2+(1+i)=1+3i\\
&z_3=z_2{}^2+c=(1+3i)^2+(1+i)=-7+7i\\
&z_4=z_3{}^2+c=(-7+7i)^2+(1+i)=1-97i\\
&z_5=z_4{}^2+c=(1-97i)^2+(1+i)=-9407-193i
\end{aligned}
$$

厳密に絶対値が∞に発散することを示すためには、数学的な議論が必要ですが、この絶対値は∞に発散してしまいそうです。その予想は正しく、確かにこの数列の絶対値は∞に発散します。だから$1+i$はマンデルブロ集合には属しません。

このように複素平面上でマンデルブロ集合とそうでない部分を図示すると、次のようなフラクタルの図形が現れるわけです。

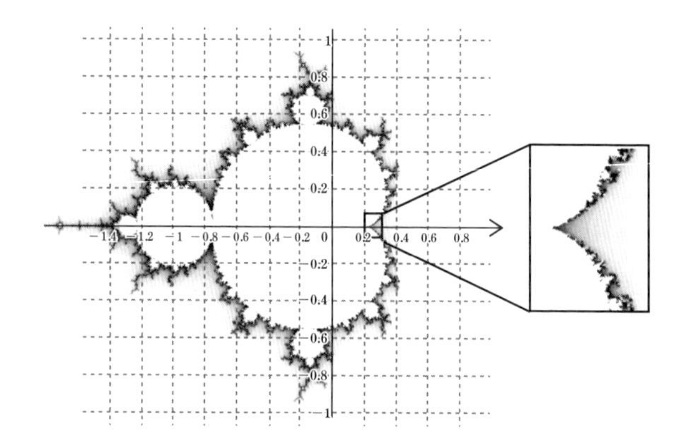

複素数は平面上に表わされるので、このような単純な複素数の数式から複雑な図形が得られるのです。それも、複素数の魅力、すなわち美しさの一つだと考えています。

このマンデルブロ集合は美しいアニメーションや図形を生成するのに使われている場合もあるそうです。

また、コンピュータでこの図形を描かせる場合、計算量が非常に多くなるので、コンピュータのベンチマークテスト（コンピュータの処理速度を表わすための複雑な計算）に使われることもあります。

6－4 実数の世界を表わすにも虚数が必要

虚数は多くの人にとって得体の知れないものなので、できれば避けたいと思う人も多いかもしれません。

そう感じるのは自然で、歴史的には数学者でも「できれば使わずに済ませたい」と思う人が大半でした。実際に無視され続けてきたのです。

しかし、実数の世界を解明するにあたっても、虚数を無視することができなくなってきます。つまり、実数の世界でも複素数が見え隠れするのです。

このように、世の中の仕組みのより深いところにある数としての存在も、虚数の魅力や美しさの一部だと考えています。

2次方程式の解の公式はこのように与えられます。

$$ax^2+bx+c=0 \quad \text{ならば、}$$

$$x=\frac{-b\pm\sqrt{b^2-4ac}}{2a}$$

この中は実数だけしか登場しません。b^2-4acが負になる時だけ、虚数が登場します。しかし、カルダノの公式と呼ばれる3次方程式の解の公式はそうではありません。ちょっと複雑ですが、次に公式を示します。

3次方程式$x^3+ax^2+bx+c=0$の3つの解x_1、x_2、x_3は次のように与えられます。

3次方程式の$x^3+ax^2+bx+c=0$の解x_1、x_2、x_3は

$$x_1=-\frac{a}{3}+\sqrt[3]{-\frac{27c+2a^3-9ab}{54}+\sqrt{\left(\frac{27c+2a^3-9ab}{54}\right)^2+\left(\frac{3b-a^2}{9}\right)^3}}$$

$$+\sqrt[3]{-\frac{27c+2a^3-9ab}{54}-\sqrt{\left(\frac{27c+2a^3-9ab}{54}\right)^2+\left(\frac{3b-a^2}{9}\right)^3}}$$

$$x_2=-\frac{a}{3}+\frac{-1+i\sqrt{3}}{2}\sqrt[3]{-\frac{27c+2a^3-9ab}{54}+\sqrt{\left(\frac{27c+2a^3-9ab}{54}\right)^2+\left(\frac{3b-a^2}{9}\right)^3}}$$

$$+\frac{-1-i\sqrt{3}}{2}\sqrt[3]{-\frac{27c+2a^3-9ab}{54}-\sqrt{\left(\frac{27c+2a^3-9ab}{54}\right)^2+\left(\frac{3b-a^2}{9}\right)^3}}$$

$$x_3=-\frac{a}{3}+\frac{-1-i\sqrt{3}}{2}\sqrt[3]{-\frac{27c+2a^3-9ab}{54}+\sqrt{\left(\frac{27c+2a^3-9ab}{54}\right)^2+\left(\frac{3b-a^2}{9}\right)^3}}$$

$$+\frac{-1+i\sqrt{3}}{2}\sqrt[3]{-\frac{27c+2a^3-9ab}{54}-\sqrt{\left(\frac{27c+2a^3-9ab}{54}\right)^2+\left(\frac{3b-a^2}{9}\right)^3}}$$

あまりに複雑なので、細かいところは見てもらわなくても構いません。

注目していただきたいのは、この式に虚数単位のiが含まれることです。

例えば3次方程式$x^3-6x^2+11x-6=0$を因数分解すると

$$(x-1)(x-2)(x-3)=0$$

となります。このような明らかに実数解を持つ方程式であっても、虚数を使わないと解の公式で解くことはできないのです。

また$x^3-15x-4=0$は$x=4$と実数解を持ちますが、この解は

$x=3\sqrt{2+\sqrt{-121}}+\sqrt[3]{2-\sqrt{-121}}$（これを計算すると$x=4$にもなる）

と表されます。2次方程式はルートの内が負となった時点で実数解を持たないと言えますが、3次方程式になると、そうならない場合があるのです。

そして4次方程式の解の公式も存在します。これはフェラーリの公式と呼ばれます。ご想像の通り、カルダノの公式より、さらに複雑になるのでここでは示しません。しかし、そこにも虚数が含まれるわけです。

このような例は他にもあります。

フィボナッチ数列と呼ばれる数列は、下のようにある項の前の2項の和で示される数列です。

a_0	a_1	a_2	a_3	a_4	a_5	a_6	a_7	a_8	a_9	……
0	1	1	2	3	5	8	13	21	34	……
—	—	0+1	1+1	1+2	2+3	3+5	5+8	8+13	13+21	……

漸化式で書くと$a_{n+2}=a_{n+1}+a_n$（ただし$a_0=0$，$a_1=1$）という簡単な形になります。

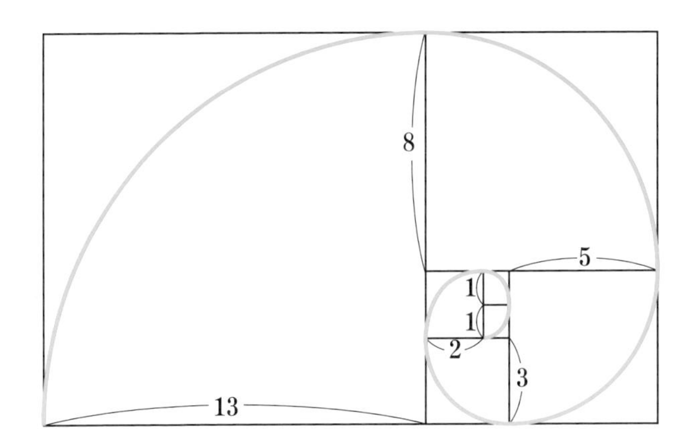

これは植物や生物など色々なところで見られます。例えば、貝殻であるとか、花の模様などで見覚えのある図形ではないでしょうか？

フィボナッチ数列のルールは単純ですが、一般項を表わそうとするとなかなか複雑な式となります。具体的には次のように与えられます。

$$a_n = \frac{1}{\sqrt{5}}\left[\left(\frac{1+\sqrt{5}}{2}\right)^n - \left(\frac{1-\sqrt{5}}{2}\right)^n\right]$$

全ての項は自然数ですが、それを表現するのにルート、つまり無理数が登場してきます。しかし、まだ実数の世界には留まっています。

そして、次に紹介するトリボナッチ数列はそうではありません。こちらも数列のルールは簡単です。フィボナッチ数列が前の2項の和であったのに対し、こちらは前の3項の和になります。つまり下のようになります。

b_0	b_1	b_2	b_3	b_4	b_5	b_6	b_7	b_8	b_9	……
0	0	1	1	2	4	7	13	24	44	……
—	—	—	0+0+1	0+1+1	1+1+2	1+2+4	2+4+7	4+7+13	7+13+14	……

漸化式で書くと$b_{n+3}=b_{n+2}+b_{n+1}+b_n$（ただし$b_0=0,\ b_1=0,\ b_2=1$）という簡単な形になります。

ルールは単純なのですが、これを一般項にすると、下のような複雑な式になります。今度は一般項に虚数を含む形となります。

$$b_n = \frac{\alpha^n}{(\alpha-\beta)(\alpha-\gamma)} + \frac{\beta^n}{(\beta-\gamma)(\beta-\alpha)} + \frac{\gamma^n}{(\gamma-\alpha)(\gamma-\beta)}$$

ただし、$\alpha,\ \beta,\ \gamma$は3次方程式$x^3-x^2-x-1=0$の3解

$$\alpha = \frac{1}{3}\left(1+\sqrt[3]{19-3\sqrt{33}}+\sqrt[3]{19+3\sqrt{33}}\right)$$

$$\beta = \frac{1}{3}\left(1+\omega\sqrt[3]{19-3\sqrt{33}}+\overline{\omega}\sqrt[3]{19+3\sqrt{33}}\right)$$

$$\gamma = \frac{1}{3}\left(1+\overline{\omega}\sqrt[3]{19-3\sqrt{33}}+\omega\sqrt[3]{19+3\sqrt{33}}\right)$$

ここで $\omega = \frac{-1+\sqrt{3}\,i}{2}$（1の立方根）である。

トリボナッチ数列は自然数の数列ですが、その一般項を表わすと虚数が必要になってくるわけです。自然数を扱うだけなのに、虚数が必要となることには不思議さを感じないでしょうか？

さらにテトラナッチ数列、つまり前の4項の和の数列も考えられます。この数列を漸化式で書くと$c_{n+4} = c_{n+3} + c_{n+2} + c_{n+1} + c_n$となる数列です。これの一般項はここには表わしませんが、非常に複雑だというのはご理解いただけると思います。そして、その一般項には虚数を含むのです。

ただ、虚数は含むものの、それより複雑な数（例えば四元数など）は含みません。つまり複素数で完結しているわけです。

3次方程式や4次方程式、トリボナッチ数列など、実数の世界を表現するにしても、虚数の影が見えてきます。しかもそれ以上に複雑な数は必要としません。

ですから、実部と虚部からなる複素数が世の中を形作る究極の数、という認識もできます。それも虚数の魅力、つまり美しさにつながっているわけです。

複素数は完全な数

3章の最初に自然数から実数、そして複素数へと数が拡張していく様子を書いてきました。この拡張の流れは、演算に関して欠損した部分を埋める数字を作り出していく歴史とも考えられます。それを簡単に振り返ってみます。

例えば、自然数同士の足し算は必ず自然数になります。しかし、引き算になると話が変わってきます。例えば、$2-5$は自然数にはなりません。こうやって、負の数が生まれました。そして、負の数を含めた整数という概念が登場するのです。

さらに整数同士のかけ算は必ず整数になります。しかし、割り算になるとそうではありません。例えば、$2\div7$は整数になりません。こうやって分数が生まれました。そして、分数と整数を含めた有理数という概念ができたのです。

これで数の拡張は終わりかと思えば、そうではありませんでした。図形で考えると、面積2の正方形の一辺の長さ$\sqrt{2}$や、円周と直径の比の値、すなわち円周率πは分数では表わせません。こうして無理数が生まれました。

そうやって、有理数に無理数を含めて実数という概念となったのです。

そして、本書の主役である虚数です。実数の世界では解けない方程式がありました。例えば$x^2=-1$という方程式です。こうやって虚数が生まれました。

そうして、虚数と実数を含めて複素数という概念になったのです。

3章ではここまでで話が終わりましたが、この先は無いのでしょうか?

このパターンで行くと、「複素数でも表現できないものがありました。それは○○です。だから、複素数と△△を合わせて、××という概念になったのです」という流れになりそうだと思いませんか?

しかし、複素数はそうはならないのです。数の世界では複素数は「完全」な数と言えます。つまり、複素数同士の演算ではそれ以上複雑な数は必要としません。

例えば、代数学の基本定理と呼ばれる定理があります。

●代数学の基本定理

複素係数の n 次方程式

$$a_n x^n + a_{n-1} x^{n-1} + \cdots + a_1 x + a_0 = 0$$

は複素根を重複を込めてちょうど n 個の解を持つ。

この代数学の基本定理が表わすところは、例えば3次方程式 $ax^3 + bx^2 + cx + d = 0$ という方程式があったとして(a, b, c, d は複素数)、この方程式は必ず3つの複素数の解を持つというものです。

なお、重解を持つ場合はその重複度を解の個数に数えます。すなわち、$(x-1)^3 = 0$ なら $x = 1$ の解は3つと数えるし、$(x-2)^2(x-1) = 0$ なら、$x = 2$ の解は2つと数えます。

つまり、実数の世界から見たよりも、複素数の視点で見た方が、多くの定理を単純にできるのです。この視点から、実数と複素数の世界における2次方程式の解を比較してみましょう。

2次方程式の解(実数)

$ax^2+bx+c=0$ において

$$D=b^2-4ac$$

$D>0$ 異なる2つの実数解(2個)

$D=0$ 重解(1個)

$D<0$ 実数解なし(0個)

2次方程式の解(複素数)

$ax^2+bx+c=0$ において

2個の解を持つ(重解含む)

明らかに複素数の方がシンプルです。このシンプルさは数学の美しさそのものと言えるでしょう。

さらに、複素関数の世界ではリュウビル(Liouville)の定理と呼ばれる定理も存在します。

●リュウビルの定理

複素平面ℂ全体において正則かつ有界な関数は、
定数関数のみである。

この定理は代数学の基本定理よりさらに広くなります。

代数学の基本定理より、べき関数すなわちx^n(nは自然数)の和で表わされる複素関数は、あらゆる複素数の値をとることが示されています。

このリュウビルの定理が暗示しているのは、ある関数が定数関数($f(z)=5$のような定数の関数)でない時、その関数が複素平面全体において正則であれば、その関数値は複素平面に広がっている(有界ではない)、というものです。

「正則」という言葉や複素関数の扱いについては7章で詳しく説明しますが、正則とは複素関数において微分可能であることを指します。例えばべき関数の他にも、三角関数を複素数に拡張した$y=\sin z$や指数関数を複素数に拡張した$y=e^z$は正則関数です。

そして、「有界」は値が範囲を持つ、ということです。

三角関数$y=\sin x$ は実数の範囲だと$-1 \leqq \sin x \leqq 1$となります。つまり、有界です。しかし、$y=\sin z$という複素関数は複素平面全体で正則なので、複素関数$y=\sin z$は全ての複素数の値をとることができます。例えば、$\sin z=10$とか$\sin z=-10$といった実数の感覚から考えると、考えられないような値にもなり得るのです。

なお、複素関数$y=e^z$は複素数zの世界においても$y=0$にはなりません。しかし、それ以外の値は全てとり得ます。

なおリュウビルの定理は「定数関数のみ」という表現になっています。つまりこの定理が表現していることは、ある関数が上限や下限を持てばそれは $f(z)=5$ のような定数関数である、ということです。

逆に言えば定数関数でない正則関数であれば、関数値は上限や下限を持ちません。つまり、関数の値は複素平面全体に広がっている、ということです。実はリュウビルの定理が本当に示したいことはこちらだったりします。

このように数学の世界では、本当に伝えたいことと書いてあることが違うことも多いので困ったものです……。

話を戻しますが、複素数という数は自然数から発展してきた数の拡張の中で、その中で閉じている「完全」な数と言えます。その完全さが虚数の美しさに結びついているわけなのです。

6-6 解析接続と一致の定理

7章では複素数において定義された複素関数について詳しく説明します。この複素関数の性質も、複素数（虚数）が美しいと感じられる要素の一つです。

この節を理解するためには、最低限理系の高校数学程度の知識が必要です。しかし、細かいところがわからなくても虚数を使った関数のすごさはわかると思いますので、ぜひ読んでみてください。

複素関数においては、一致の定理という定理が成り立ちます。

この一致の定理とは、その関数が正則関数（微分可能、詳細は211ページ）である時、ある領域で2つの関数が同一であれば、全ての領域において2つの関数は等しいと言える、というものです。

例えば、次の式のような数列の和を考えてみます。

$$\sum_{n=1}^{\infty} \frac{1}{n^s} = \frac{1}{1^s} + \frac{1}{2^s} + \frac{1}{3^s} + \cdots$$

この無限級数（無限に数列を足し合わせたもの）は$s>1$の時にしか収束しません。逆に言うと$s \leqq 1$の時には、∞に発散してしまって値が定まらなくなります。

例えば、$s=0$だと、この和は$1+1+1+\cdots\cdots$となります。1が無限に足されるわけですから、値は∞となります。これを発散と呼びます。一方、この無限個数の和の値がある値に無限に近づくときには、その値に収束すると言います。

$s>1$なら収束することがわかっていて、例えば$s=2$の時はバーゼル問題と呼ばれ、$\frac{\pi^2}{6}$に収束します。

$$\sum_{n=1}^{\infty}\frac{1}{n^2}=1+\frac{1}{2^2}+\frac{1}{3^2}+\frac{1}{4^2}+\cdots=\frac{\pi^2}{6}$$

この和を表わす関数として、$\zeta(s)$と表わすゼータ関数と呼ばれる正則な複素関数があります。これはsが実数で$s>1$の時に、この和と一致します。つまり、sについて下の式を満たす関数となります。

$$\zeta(s)=\sum_{n=1}^{\infty}\frac{1}{n^s}=\frac{1}{1^s}+\frac{1}{2^s}+\frac{1}{3^s}+\cdots \quad (s\text{は実数}\ s>1)$$

このゼータ関数の式を紹介したいところですが、あまりにも複雑なのでここでは避けておきます。興味のある方は調べてみてください。

さて、ここからが本題です。sは複素数ですが、ここから実数に制限して考えます。最初の和は$s>1$の時しか収束しないので、$s\leqq 1$の時には意味がありません。しかし、このゼータ関数は$s\leqq 1$の時にも値を持ってしまうのです。例えば$s=-1$の時、$\zeta(-1)=-\frac{1}{12}$となります。

つまり、最初の和の式において$s=-1$とすると、次のような式になってしまいます。

$$1+2+3+4+\cdots=-\frac{1}{12}$$

よく冗談で使われる式ですが、もちろんこれは誤りです。もともとの和は$s>1$の時しか想定していませんから、$s=-1$とした時は発散するとしか言えません。

ただ、$s>1$の時に無限級数の和と一致する関数$\zeta(s)$が、$s=-1$の時、$\zeta(-1)=-\frac{1}{12}$という値をとるというだけです。

そしてさらに重要なのは、一致の定理はこのように拡張される正則関数が唯一だと保証してくれることです。一致の定理は下のようなものです。

●一致の定理

領域Dにおいて正則な2つの複素関数$f(z)$と$g(z)$が、D内の異なる2点を結ぶ曲線上で一致すれば、$f(z)$と$g(z)$はD内で恒等的に等しい。

これだけではわからないと思うので、先ほどのゼータ関数の例で説明します。ゼータ関数は$s>1$の領域で$\sum_{n=1}^{\infty}\frac{1}{n^s}$の和と等しい値をとる関数でした。そして、他の方法で$\sum_{n=1}^{\infty}\frac{1}{n^s}$が拡張されたとしても、その拡張された関数はゼータ関数と一致する、つまり$\sum_{n=1}^{\infty}\frac{1}{n^s}$を拡張した正則関数はゼータ関数しかないことを、一致の定理が保証してくれます。

今のゼータ関数の例では、無限級数とゼータ関数の値が一致するのは$s>1$という範囲になっていました。

しかし、例えば$1<s<2$という狭い範囲であったとしても、そこで2つの正則関数が一致していれば、それは唯一の正則関数であるということを保証してくれます。

正則関係においては、ほんの一部の一致が、全体の一致を約束してくれる、というわけです。

このようにある領域で定義された関数の定義域を広げることを解析接続と呼びます。数学はどんどん拡張していく学問ですので、複素関数のこの性質は役に立ちます。このような複素関数の性質も、虚数の完全さ、美しさに繫がっているわけです。

ちなみに一致の定理って、実数の関数ではなぜ成り立たないの？　と疑問に思う方もいるかもしれません。これを説明するために、例えば下記のような実数で定義された関数を考えてみましょう。

$$f(x)=\begin{cases} e^{-\frac{1}{x}} & (x>0\text{の時}) \\ 0 & (x\leqq 0\text{の時}) \end{cases}$$

この関数$f(x)$は$x=0$を含む、全てのxで微分可能です。$x=0$において微妙に感じる方もいるかもしれませんが、$x=0$でも無限回微分できます。

しかしながら、明らかに一致の定理のようなことは成り立ちません。全てのxにおいて0の定数関数$g(x)=0$は明らかに$x\leqq 0$で$f(x)=g(x)$ですが、$x>0$では$f(x)\neq g(x)$です。

つまり、実関数では無限回微分可能であったとしても、一致の定理のようなことは成り立ちせん。

式だとピンとこないかもしれないので、グラフでも示してみましょう。

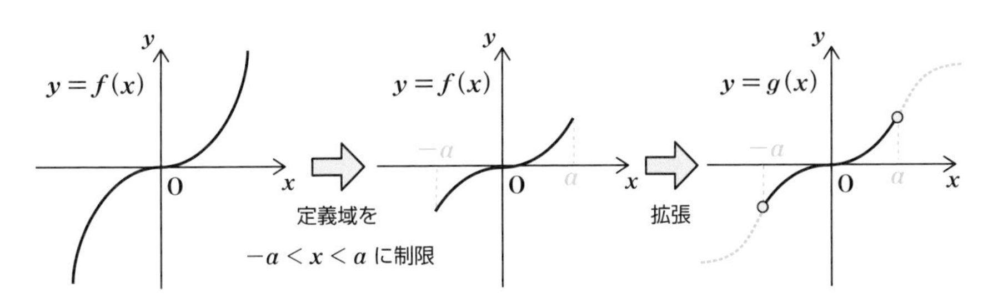

例えば、ある無限回微分可能な関数$y=f(x)$を考えて、その関数の定義

域をいったん$-a < x < a$ $(a > 0)$に制限します。そこから、全ての実数に再拡張する時に、先の図のように滑らか（無限回微分可能）で、元の関数と違う$y = g(x)$に拡張することが可能になります。

しかし、この関数を複素関数に拡張すると、微分可能という条件が厳しくなります（詳細は7章参照）。そして、微分可能な関数は正則関数という特別な名前を与えられます。

複素関数では1回でも微分可能であれば、無限回微分可能であることが保証されます。また、微分可能であれば関数の拡張の一意性が成り立ちます。つまり一致の定理が成り立つのです。

ですから、関数を拡張する時、つまり解析接続する時には、実数関数であっても複素関数として扱うわけです。このような複素数の関数の性質も、複素数が美しいと感じられる要素の1つになっています。

複素関数の世界

KYOSU FUKUSOSU

Chapter

最後の７章では大学の教養課程で学ぶ、複素関数を紹介します。
例えば、三角関数や指数関数を複素数 z に拡張すると"$\sin z=10$"とか"$e^z=-10$"といった実数では考えられない値をとることができます。虚数の世界の締めくくりとして、複素関数にチャレンジしていただければ、と思います。
また、複素関数の微積分はなかなか難解ではありますが、留数定理を理解することを１つの目的にするとよいと考えています。留数定理を目的地として、この節ではコーシーの積分公式、ローラン展開、そして留数定理までの流れをつかむことを心がければ、勉強しやすいでしょう。
なお本章では、高校や一部大学初級の微積分の知識が必要になります。自信が無い方は参考図書などを参照しながら読んでください。

7-1 複素関数は変換と考える

実数の関数と同様に複素数zを入力して、複素数wを出力する関数を$w=f(z)$と定義します。複素関数はある複素数($z=x+iy$)の入力に対し、ある複素数($w=u+iv$)を返すわけです（x, y, u, vは実数）。

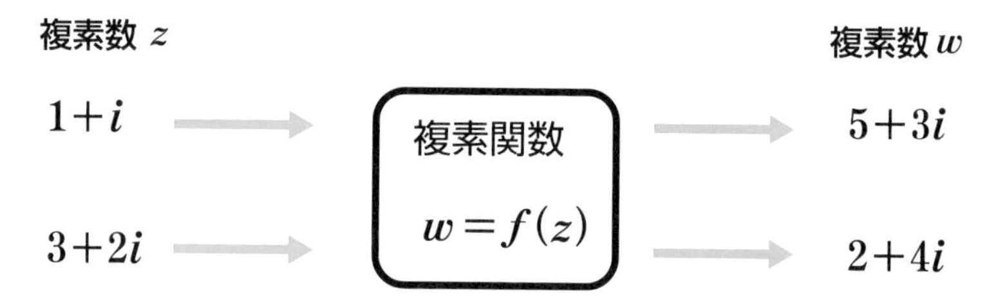

この認識で間違いはないのですが、これから複素関数を深く学んでいく上では、ある複素平面上の点(x, y)から、ある複素平面上の点(u, v)へ変換すると考えると、この先の応用で理解しやすくなります。

ですので、下図のように平面から平面というイメージを持ちましょう。

複素関数$f(z)=z^2$

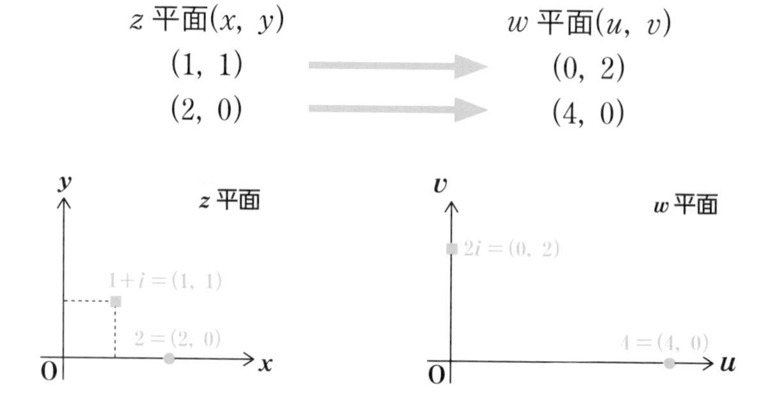

平面から平面の対応と考えると、図形を変換するとも考えられます。例えば、iをかけることは複素平面上で $\frac{\pi}{2}$ 回転させることに相当します。ですので、複素関数$w=iz$は下の図のような円弧ABCをA′B′C′へ $\frac{\pi}{2}$ 回転させることを意味するわけです。

この場合はこの図のように、極座標表記の方が見通しがよくなります。

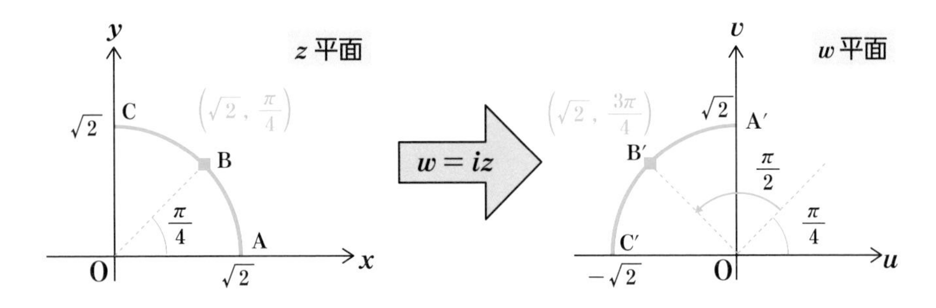

これで$w=iz$のような単純な関数の意味はつかんでいただけたと思います。

同様に複素関数$w=z^2$の例を示します。この関数は図形的に見ると、円弧ABCを円弧A′B′C′に移します。また点Dは点D′に移します。これは、原点からの距離を2乗して、偏角を2倍にする変換を表わしています。

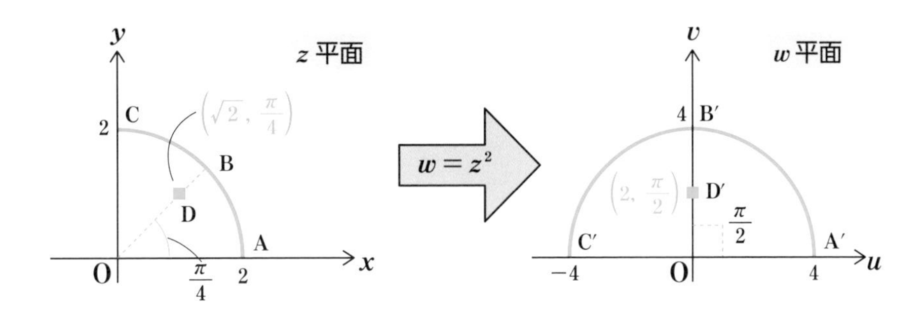

7-2 オイラーの公式が出発点

次に、複素関数としての、三角関数や対数関数、指数関数を考えます。

ここで重要なのは、オイラーの公式が全ての出発点ということです。オイラーの公式を$\sin\theta$ や$\cos\theta$ について解くと次のようになります。

オイラーの公式から　$e^{i\theta}=\cos\theta+i\sin\theta$　……①

①においてθを$-\theta$に置き換えると　$e^{i(-\theta)}=\cos(-\theta)+i\sin(-\theta)$

よって　$e^{-i\theta}=\cos\theta-i\sin\theta$　……②

①＋②、①－②、より、$\cos\theta=\dfrac{e^{i\theta}+e^{-i\theta}}{2}$, $\sin\theta=\dfrac{e^{i\theta}-e^{-i\theta}}{2i}$

今はθは実数ですが、これを複素数であるzに置き換えて、複素関数の三角関数を次のように定義します。$\tan z$については実数と同じように$\dfrac{\sin z}{\cos z}$として定義されます。

●複素数zに拡張した三角関数

$$\cos z=\frac{e^{iz}+e^{-iz}}{2},\ \sin z=\frac{e^{iz}-e^{-iz}}{2i},\ \tan z=\frac{e^{iz}-e^{-iz}}{i(e^{iz}+e^{-iz})}$$

三角関数の定義域を複素数に拡張すると､実数の時の制限がはずれます。

例えば、実数のcos関数は$-1\leqq\cos\theta\leqq1$の値しかとれませんでしたが、複素関数の$\cos z$は任意の複素数を値にとれます。

例えば、$z=i\ln 2$とすると、$\cos z=\dfrac{5}{4}$となります。他にも、$\cos z=5$とか$\sin z=-10$とか、実数の感覚では驚くようなことが起きるのです。

これは6章の最後で説明した解析接続の考え方で、実数でしか定義されていない関数を、複素数に定義を広げたということです。

ですので、実数の単位円のような考え方を引きずっていては、複素関数は説明できないことになります。感覚的には実数とは常識が違う世界に来た、というイメージが正解でしょう。

次に複素数の対数関数です。まずは底がeのものを考えます。先に指数関数としてのe^zをおさらいしておきましょう。

オイラーの公式に$z=x+iy$（x, yは実数）を代入すると、次のように変形できます。

$$e^z = e^{x+iy} = e^x(\cos y + i\sin y)$$

ここで、実数の指数法則$e^x e^y = e^{x+y}$は複素数でも成り立つとしました。

するとxを固定してyが動くとき、e^zは複素平面で半径e^xの円上を動きますから、xとyが動くときe^zは原点0以外の複素平面の全ての値をとることができます。

次に対数関数です。実数の対数関数は指数関数の逆関数として定義されました。それと同様に複素関数も、複素関数としてのe^zの逆関数として対数関数を定義します。なお、$\ln x$とは$\log_e x$を意味します。複素関数において、対数の底はほとんどがeなので、このように略すのです。

●複素数zに拡張した指数関数、対数関数

実関数　：$x = e^y \quad \Leftrightarrow \quad y = \ln x (x > 0)$

複素関数：$z = e^w \quad \Leftrightarrow \quad w = \ln z (z \neq 0)$

この時に複素関数$w=e^z$は0以外の全ての値をとることから、対数関数も実数関数の時にあった制限がはずれることになります。この時残るのは$z \neq 0$という条件だけです。

ただ、複素関数の対数関数ではとても面倒な問題が生じます。それは関数の一意性が崩れる、つまり、$w=\ln z$とした時に、あるzに対して複数のwが存在してしまうことです。

e^zにおいて$z=x+iy$とした時に、e^zの値はただ1つに定まります。その一方で、e^wがある複素数$z=x+iy$という値をとる時に対応するwは1つではありません。

$w=u+iv$が1つのwだとすると、このwに$2n\pi i$（nは整数）を足した値は全てe^wとなります。つまり$z=e^{w+2n\pi i}$となります。言い換えると偏角には$2n\pi$の不定性があるわけです。

複素平面上の対応で考えると次の図のようになります。

関数の要件として1つの入力値に対し、出力がただ1つに定まらなければなりません。だから複素関数の対数関数は厳密には関数ではなく、多価関数と呼ばれるものになります。

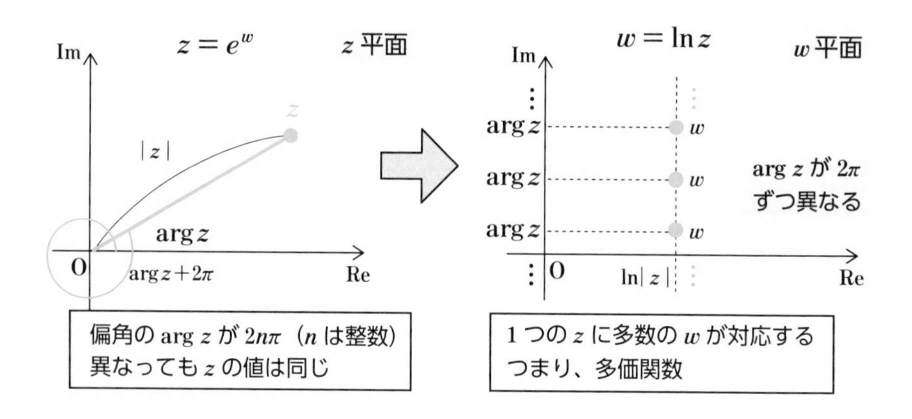

しかし、多価関数のままだと扱いづらいために、偏角の幅を$-\pi \sim \pi$、もしくは$0 \sim 2\pi$に制限して、1価関数とすることがあります。

この場合の対数関数を主値と呼び、lnやargの最初の文字を大文字にして、Ln、Argと表わすことがあります。

対数関数の主値： $$\mathrm{Ln}\,z = \ln|z| + i\,\mathrm{Arg}\,z$$

「ln$z$」のlを大文字にする　　実関数としての対数関数　　「arg$z$」のaを大文字にする

しかしながら、この性質により、複素関数の対数関数は実数で成り立っていた公式が成り立たなくなることがあります。

例えば$\mathrm{Ln}(z_1 z_2) = \mathrm{Ln}z_1 + \mathrm{Ln}z_2$は必ずしも成り立ちません。$z_1 = -1$、$z_2 = -1$とすると、$z_1 z_2 = 1$となるので、左辺は0となります。一方、$\mathrm{Ln}z_1 = \mathrm{Ln}z_2 = \pi i$となるので、右辺は$2\pi i$となります。

最後にネイピア数以外のべき関数です。これは扱いがさらに面倒になります。実数の時は指数関数が定義されて、その逆関数として対数関数が定義されました。つまり、$2^3 = 8$から$\log_2 8 = 3$となります。よって、$2^{\log_2 8} = 8$となるわけです。

しかし、これが複素数になると様子が変わります。複素数のべき関数、例えば2^iの値なんて、どう頭をひねっても出てきません。一方、オイラーの公式でネイピア数の指数関数が定義されて、その逆関数である対数関数が定義されるのを、ここまで説明してきました。

だから複素関数のべき関数は、ネイピア数の対数関数を使って定義します。つまり、α^βを$e^{\beta\ln\alpha}$と考えるわけです。$e^{\beta\ln\alpha}$はこれまでの知識で求めることができます。このように、複素数のべき関数は定義の順序が実数と異なるので、混乱が起きやすいところです。

つまり、複素関数は下のように定義されます。

●複素数αの複素数β乗

$$\alpha^\beta = e^{\beta\ln\alpha} \qquad (\ln\alpha\text{は多価関数})$$

先ほど説明したように、複素数の対数関数は多価関数です。よって、複素数のべき関数も多価関数となり、扱いがとても複雑になります。

ここからi^i（iのi乗）は実数になるという興味深い現象も現れてきます。実数の世界の発想とは全く違う捉え方をする必要があるのです。

$$i^i = e^{i\ln i} \quad \text{ただし} \quad \ln i = \ln|\,i\,| + i(\arg i + 2n\pi) = i\left(\frac{\pi}{2} + 2n\pi\right) \ (n\text{は整数})$$

$$\therefore i^i = e^{-\left(\frac{\pi}{2}+2n\pi\right)} = e^{-\frac{\pi}{2}}e^{-2n\pi}$$

特に、対数関数について主値をとると

$$\mathrm{Ln}\,i = i\frac{\pi}{2} \qquad \therefore i^i = e^{-\frac{\pi}{2}} = 0.20787957635\cdots\cdots$$

7-3 複素数の微分の考え方とは

次に複素数の微分を扱います。複素数の微分は実数の微分をそのまま複素数に置き換えた形で定義します。これで実数の微分と矛盾なく、微分を複素数に拡張できます。

$$f'(z_0) = \lim_{\Delta z \to 0} \frac{f(z_0 + \Delta z) - f(z_0)}{\Delta z}$$

しかし、複素関数の微分では、実数の時と比べて気をつけなくてはいけないことがあります。

実関数では下の図に示すように、微分係数を求めるx_0において、大きい方から近づく極限値と、小さい方から近づく極限値が一致する必要がありました。この2つが一致すれば微分係数が存在するわけです。

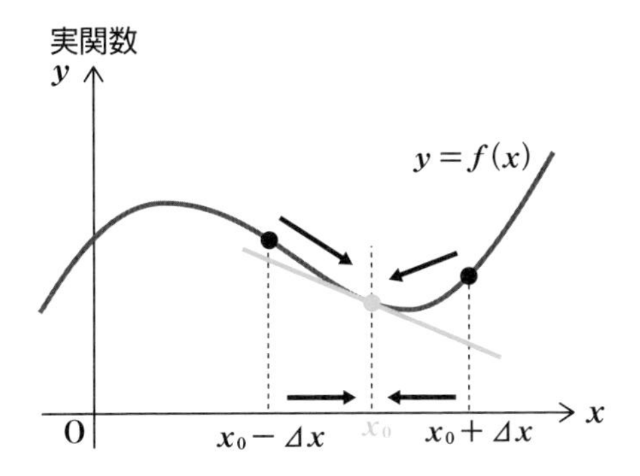

しかしながら、複素関数ではより強い制限がかかることになります。複素数は複素平面で表わされるため、ある複素数に近づく経路は無数に存在します。そして、微分係数が存在するためには、この無数の経路全てで、

微分係数の定義式が同じ値をとる必要があるのです。

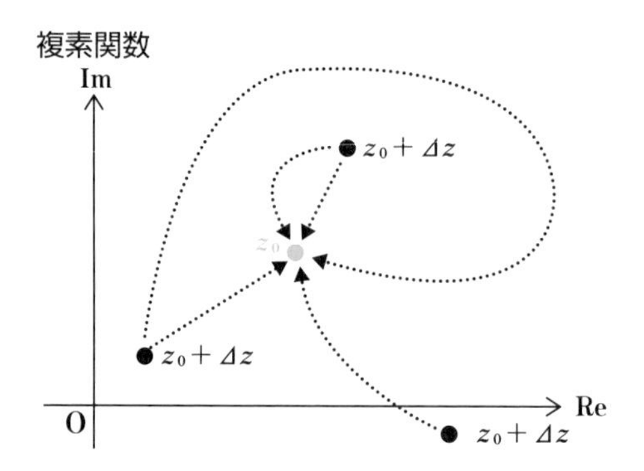

無数の経路を全て調べるのは難しそうです。だから、微分係数が存在する条件を調べるのは困難に思えるかもしれません。しかし、コーシー・リーマンの関係式という便利な関係式が存在しています。この関係式を満たせば、微分係数が存在する、つまりどの経路から近づいても同じ微分係数に近づくことが保証されるのです。

複素関数$w=f(z)$を$z=x+iy$から$w=u+iv$の変換と考えた時、u, vはx, yの関数と考えることができます。これを$u(x, y)$、$v(x, y)$と置くことができます。

この時に下のコーシー・リーマンの関係式を満たせば、微分できることが保証されるわけです。

コーシー・リーマンの関係式

$$\frac{\partial u}{\partial x}=\frac{\partial v}{\partial y} \qquad \frac{\partial u}{\partial y}=-\frac{\partial v}{\partial x}$$

コーシー・リーマンの関係式は多変数関数の偏微分の考え方が使われています。ただ、本書では多変数関数の扱いは解説しないので、ご存知ない方は参考文献を確認してみてください。

複素平面上のある領域の全ての点で微分可能である時、これを正則である（もしくは解析的）であると呼びます。複素関数の微分可能は、あらゆる経路から値が一致する必要があります。ですから、実数の微分可能より厳しい条件を満たしていることになります。

この条件により、複素関数では1回微分可能でさえあれば何回でも微分可能であることが示されたり、6章で紹介した一致の定理に結びついたりするわけです。それだけ大事な性質なので、単に微分可能というだけでなく、「正則」という呼び名が与えられています。

ですから複素関数で「正則」と言われたら、「微分可能」と置き換えて理解してください。

今まで紹介してきた、べき関数や指数・対数関数、三角関数は全て正則関数です。正則関数においては、実数関数で成立していたような微分の公式が成り立ちます。考え方は複雑ですが、得られる結果は実数と同じなのです。実数も複素数の一部なので、当然とも考えられます。

●べき関数の導関数

$$(z^n)' = \alpha z^{n-1} \quad (n\text{は自然数})$$

●指数関数・対数関数の導関数

$$(e^z)' = e^z \qquad (\ln z)' = \frac{1}{z}$$

●三角関係の導関数

$$(\sin z)' = \cos z \qquad (\cos z)' = -\sin z \qquad (\tan z)' = \frac{1}{\cos^2 z}$$

さて、ここで複素数の微分係数が何を意味するか考察してみたいと思います。その前に実数の関数の微分係数について復習してみましょう。

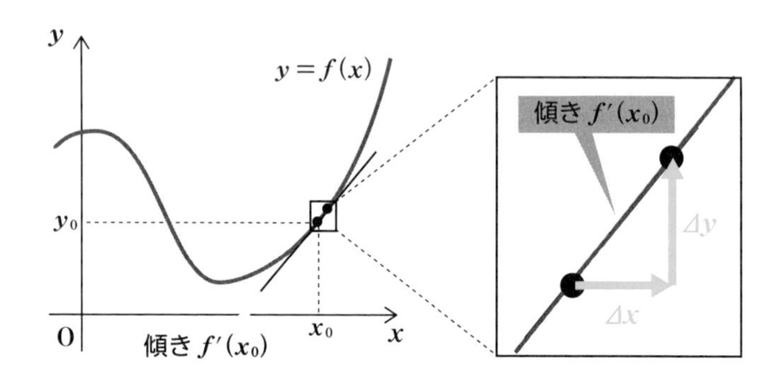

実数関数$f(x)$のx_0における微分係数$f'(x_0)$は、グラフの傾きという意味がありました。つまり、$f(x_0)$のx_0が$x_0+\Delta x$に微小変化した時、その増分$\Delta y=f(x_0+\Delta x)-f(x_0)$が$x_0$における微分係数$f'(x_0)$を使って、$\Delta y \fallingdotseq f'(x_0)\,\Delta x$と表わされるわけです。

この感覚が複素関数になるとどのように変化するのでしょうか？　まず複素関数を複素平面上のz_0から$f(z_0)$への変換とみなします。つまり、次の図のようにz平面上の点z_0をw平面上の点$f(z_0)$に変換するわけです。

この時、z平面におけるz_0近くの微小領域で、z_0が$z_0+\Delta z$に変化したとします。ここでΔzの変化を極形式で表わします。つまり複素数z_0が偏角θの方向にΔr変化したとします。数式で表わすと$\Delta z=(\Delta r)e^{i\theta}$となります。

このとき、w平面上では$f(z_0)$が$\Delta w \fallingdotseq f'(z_0)\,\Delta z$に微小変化します。$f'(z_0)$、つまり$z_0$における微分係数を、絶対値$R$で偏角$\phi$の複素数、つまり$f'(z_0)=Re^{i\phi}$とすると、$\Delta w$は次のように表わされます。

z **の微小変化：**
$\Delta z = (\Delta r)e^{i\theta}$

w **の微小変化：**
$\Delta w \fallingdotseq f'(z_0)\,\Delta z = (R\,\Delta r)e^{i(\theta+\phi)}$

これをそれぞれ、z平面、w平面に図示しました。微小領域なので、拡大して示しています。

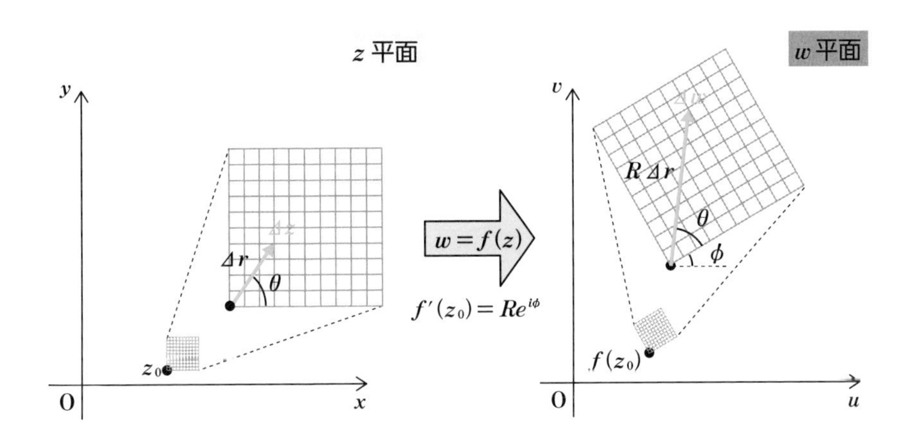

つまり、z_0における微分係数を$f'(z_0) = Re^{i\phi}$（偏角ϕ、絶対値がRの複素数）とすると、wの微小変化ΔwはΔzに対して、絶対値がR倍、偏角がϕ回転したものとなるわけです。

実数関数だと微分係数は傾きを表わしていました。複素関数でも、絶対値については実数関数の傾きと同じ考え方で大丈夫です。複素関数になると偏角の概念も入っており、微分係数に方向（偏角）の変化も含まれているわけです。

7-4 複素関数の積分①
複素数の積分からコーシーの積分定理まで

複素数の積分も実数の積分を単純に拡張して、下のように定義されます。

$$\int_C f(z)dz = \lim_{n\to\infty}\sum_{k=0}^{n-1} f(z_k)\,\Delta z_k$$

複素数で積分するので、積分区間も平面上の経路（線）となります。

よって、例えば次の図のように複素数αからβまで積分する時には、経路は無数に存在します。

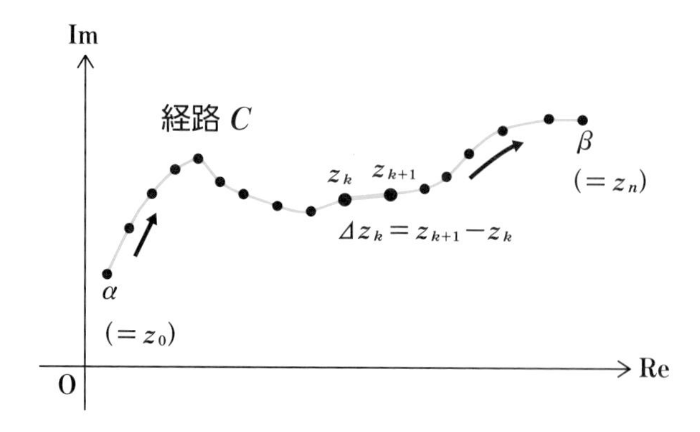

積分の意味を明確化するために$z_k = a_k + ib_k$（a_k, b_kは実数）として、先ほどの積分式のΣの中を書き直してみます。すると次のようになります。

$$\sum_{k=0}^{n-1} f(a_k+ib_k)\{(a_{k+1}-a_k)+i(b_{k+1}-b_k)\}$$

つまり、経路Cを分割して、そのCの内部の複素数$z_k = a_k + ib_k$における関数値$f(a_k+ib_k)$に、実部と虚部の増分$\{(a_{k+1}-a_k)+i(b_{k+1}-b_k)\}$をかけた和を考えます。その時に経路$C$の分割数を無限大にした極限が積分値というわけです。

実数関数のようにグラフの面積といったイメージは持ちにくいですが、計算としては理解できるでしょう。

一般には積分値は経路により異なります。しかしながら、$f(z)$が積分する領域で正則、すなわち微分可能な関数においては経路によらないことが知られています。

これを保証するのが、下記のコーシーの積分定理です。

●コーシーの積分定理

領域D内で$f(z)$が正則、つまり微分可能である場合、D内で考えられる全ての単純閉曲線Cに対し次の式が成り立つ。

$$\oint_C f(z)dz = 0$$

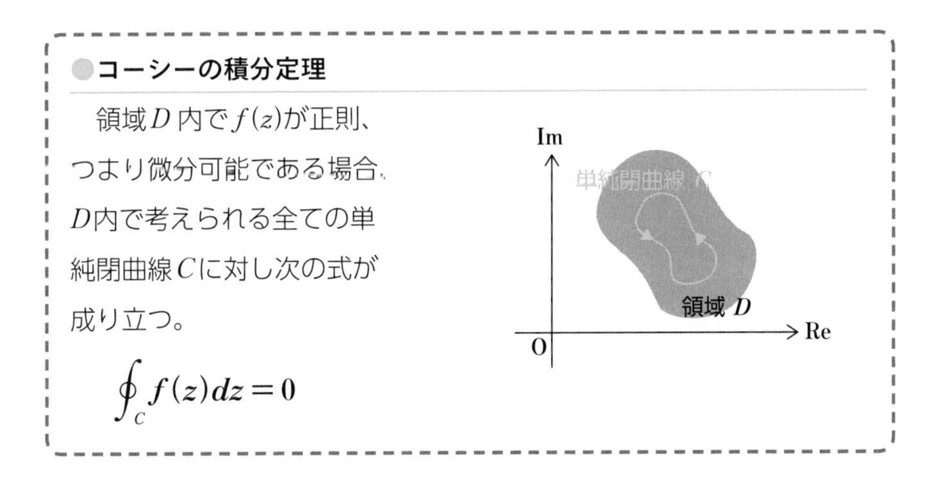

実数関数だとAからBまでの積分を考えますが、複素関数の場合、AからAに戻ってくる周回積分を考えることが多いです。平面で積分を考える場合、そのような積分もあり得るわけです。その積分を特に「$\oint$」と表現することがあります。

次にどんな経路で積分するかですが、多くは単純閉曲線の経路を扱うことがほとんどです。単純閉曲線とは交差のない曲線で、反時計回りの方向を正とします。この場合、積分経路は始点AからAに戻ってくる経路になります。

コーシーの積分定理は、積分関数が正則な領域であれば、この単純閉曲線における積分値が0になると言っています。

ここでこの経路内にBを置いて経路を分割することを考えてみましょう。すると、次のように経路A→Bと経路B→Aに分割されます。ここで経路A→Bを固定したまま、経路B→Aをいろいろ変更してみましょう。この場合も、トータルの経路A→Aの値は0で一定です。

よってBからAの経路はどんな経路をとっても同じ値になることが示されるのです。

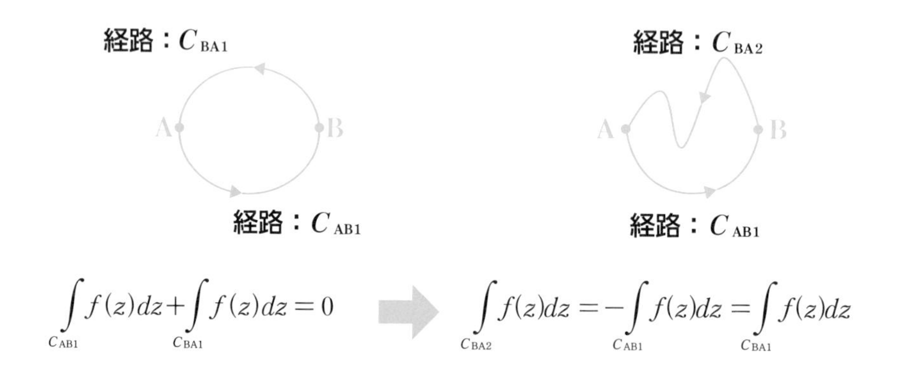

$$\int_{C_{\mathrm{AB1}}} f(z)dz + \int_{C_{\mathrm{BA1}}} f(z)dz = 0 \quad \Rightarrow \quad \int_{C_{\mathrm{BA2}}} f(z)dz = -\int_{C_{\mathrm{AB1}}} f(z)dz = \int_{C_{\mathrm{BA1}}} f(z)dz$$

ここから、例えば$f(z)=z^2$といった、複素平面の全ての領域で正則な関数について、積分値は経路によらないことがわかります。

正則な関数の経路の話はこれで終わりになります。これから主役になってくるのは、正則でない点（特異点）を持つ周回積分です。

ここで特異点というのは、分数関数で分母を0とする点と考えてください。例えば、複素関数$f(z)=\frac{1}{z-i-1}$は$z=i+1$で分母が0となるので、$z=i+1$では定義されません。

コーシーの積分定理が適用されるためには、積分経路内の領域で正則であることが必要です。例えば下図のC_1のような経路では、周回積分が0になるとは限らないのです。

しかし、内部に特異点がなければよいので、C_2やC_3のような例では0となります。

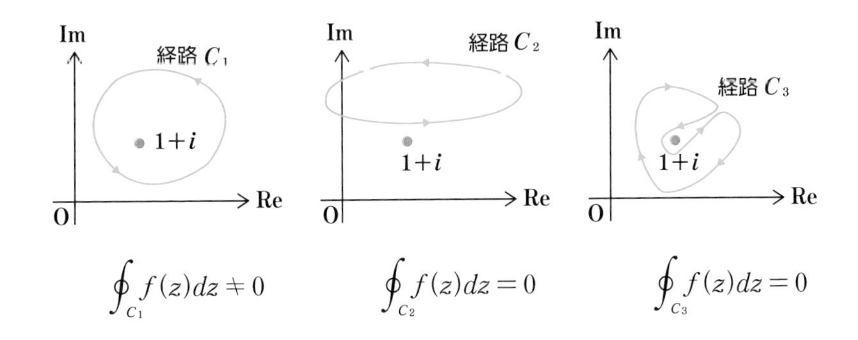

次に$z=z_0$を特異点に持つ関数$\frac{1}{(z-z_0)^n}$（nは自然数）の積分を調べてみます。図のようにz_0を中心とした経路での積分です。

これはz_0を内部に含めば、どんな積分経路でも積分値は変わりません。しかし、コーシーの積分定理は適用できないので、一般に積分値は0にはなりません。

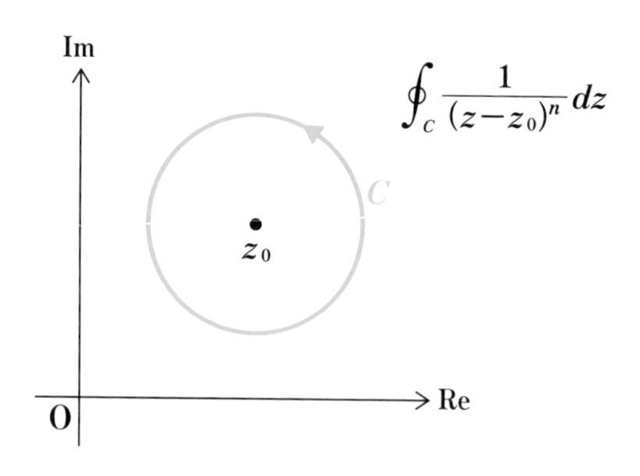

ただ、この積分の計算をしてみると、ほとんどの場合は積分値が0になってしまうことがわかります。実は$n=1$つまり$\frac{1}{z-z_0}$の時を除いて、$\frac{1}{(z-z_0)^2}$、$\frac{1}{(z-z_0)^5}$など全ての周回積分の値は0になることがわかっています。計算するとそうなるのですが、計算はここでは省略します。

そして、$n=1$である$\frac{1}{z-z_0}$の時の周回積分の値は$2\pi i$となります。

当然、nが0や負になる時には、コーシーの積分定理が成り立ち、積分値は0になりますので、一般化してmを整数として次のようになります。

$$\oint_C (z-z_0)^m dz = \begin{cases} 2\pi i & (m=-1) \\ 0 & (m \neq -1) \end{cases}$$

つまり、$(z-z_0)^m$（mは整数）のz_0の周りを周回する積分は、$m=-1$の時を除いて、全て0になるというわけです。

この結果を少し発展させて、コーシーの積分公式が導かれます。

これは$g(z)$という関数が領域内で正則（微分可能）であれば、それを$z-z_0$で割った関数の周回積分値は$2\pi i g(z_0)$となるというものです。

●**コーシーの積分公式**

$g(z)$が領域Dで正則である時、点$z=z_0$を囲む単純閉曲線Cにおいて、$g(z)$を$z-z_0$で割った関数の積分値は

$$\oint_C \frac{g(z)}{z-z_0}dz = 2\pi i g(z_0)$$

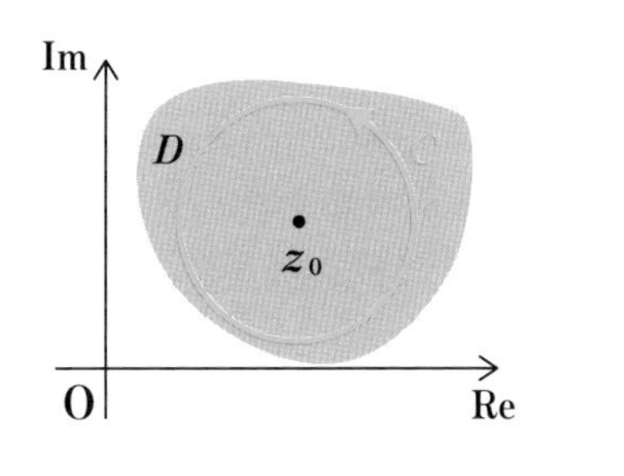

このコーシーの積分公式を元にして、周回積分の値を求める留数定理につながっていきます。

繰り返しますが、$(z-z_0)^m$（mは整数）の積分において、$m=-1$以外は0になります。つまり、$m=-1$は特別な意味を持っていることを覚えておいてください。

7-5 複素関数の積分②
ローラン展開から留数定理まで

いよいよ複素関数も大詰めに差し掛かりました。本書で複素関数のゴールにしている留数定理は、先ほど説明したコーシーの積分公式を使って、特異点を含む周回積分を求める定理です。

留数定理のアイデアとしてはこのようなものです。

積分される関数$f(z)$は α という特異点を持つ関数とします。そしてこの関数を α 周りに周回積分することを考えましょう。この時、$f(z)$が下のように展開できたとします（a_nは定数）。

$$f(z)=\cdots+\frac{a_{-2}}{(z-\alpha)^2}+\frac{a_{-1}}{z-\alpha}+a_0+a_1(z-\alpha)+a_2(z-\alpha)^2+\cdots$$

これを α の周りに周回積分したとすると、先ほどのコーシーの積分公式で行なった議論から、$(z-\alpha)^{-1}$ の項以外の値は全部0になってしまいます。そして、$(z-\alpha)^{-1}$ の項は$2\pi ia_{-1}$となるわけですから、$f(z)$の積分値も$2\pi ia_{-1}$となるわけです。

これが留数定理までの流れとなります。一歩ずつゴールに近づいていきましょう。

まずは$f(z)$を、特異点の周りで展開することを考えます。これがローラン展開と呼ばれる方法です。

この考え方を説明する前に、複素関数のテイラー展開を考えましょう。実関数$f(x)$では、次のようなテイラー展開が可能です。

テイラー展開

ある関数$f(x)$について、$(x-a)^n$の多項式として展開できる。

$$f(x)=f(a)+\frac{f'(a)}{1!}(x-a)+\frac{f''(a)}{2!}(x-a)^2+\frac{f'''(a)}{3!}(x-a)^3+\cdots$$
$$=\sum_{n=0}^{\infty}\frac{1}{n!}f^{(n)}(a)(x-a)^n$$

※ただし$f^{(n)}(x)$→関数$f(x)$をn回微分したもの　$n!=1\times2\times\cdots\times n$

これは複素関数にも拡張できて、全く同じ形で成り立ちます。

正則関数$f(z)$の、$z=z_0$の周りのテイラー展開

$$f(z)=f(z_0)+f'(z_0)(z-z_0)+\frac{f''(z_0)}{2!}(z-z_0)^2+\frac{f'''(z_0)}{3!}(z-z_0)^3+\cdots$$

※点z_0は、$f(z)$が正則である領域の点

テイラー展開は微分係数を使っていますので、もちろん微分可能な点でしか展開できません。当然、特異点でのテイラー展開は考えられないのですが、これと同じことを特異点で行なうことが次のステップです。

$g(z)$は周回経路の内部で正則（微分可能）な関数とします。この関数に対して$\dfrac{1}{z-\alpha}$をかけた関数、$f(z)=\dfrac{g(z)}{z-\alpha}$をべき乗の和で展開することを考えてみましょう。テイラー展開のように$(z-\alpha)^m$の和で展開するわけです。

$f(z)=\dfrac{g(z)}{z-\alpha}$は$z=\alpha$では定義できないので、もちろんテイラー展開することはできません。しかし$g(z)$は正則な関数ですから、$z=\alpha$でテイラー展開できます。すなわち、次のようになります。

$$g(z)=g(\alpha)+g'(\alpha)(z-\alpha)+\frac{g''(\alpha)}{2!}(z-\alpha)^2+\frac{g'''(\alpha)}{3!}(z-\alpha)^3+\cdots$$

この式の両辺を$(z-\alpha)$で割ると次のようになります。

$$f(x)=\frac{g(z)}{z-\alpha}=\frac{g(\alpha)}{z-\alpha}+g'(\alpha)+\frac{g''(\alpha)}{2!}(z-\alpha)+\frac{g'''(\alpha)}{3!}(z-\alpha)^2+\cdots$$

これで$f(z)$が特異点で展開できた形になっていることがわかるでしょう。このような特異点での展開をローラン展開と呼びます。

この例では、$(z-\alpha)^m$の$m=-2$次以下の項は存在しません。しかし、一般的にはローラン展開は$(z-\alpha)^m$でmが整数の全ての項を使う場合もあります。ですから、ローラン展開は下のように記述されます。

● $f(x)$の特異点$z=\alpha$の周りのローラン展開

$$f(z)=\cdots\frac{a_{-2}}{(z-\alpha)^2}+\frac{a_{-1}}{z-\alpha}+a_0+a_1(z-\alpha)+a_2(z-\alpha)^2+\cdots$$

※ローラン展開は、特異点αの周りで、$z-\alpha$の正負のべきで展開した式

※ $a_k(k=\cdots, -2, -1, 0, 1, 2, \cdots)$は定数

次に留数の登場です。節の冒頭でもお伝えしましたが、$f(z)$が特異点αの周りでローラン展開できる時、その周回積分を考えると$(z-\alpha)^{-1}$以外の項の積分値は全部0になってしまいます。ですから、積分値を求めるには$(z-\alpha)^{-1}$の係数が重要です。

ですから、この-1次の係数に留数という特別な名前を付けたのです。ちなみに留数とは「留まる数」という意味ですが、周回積分をしても留まる、という意味でこの名前が付けられているようです。

ということで、αという特異点を持つ複素関数$f(z)$をαの周りにローラン展開した時の、$(z-\alpha)^{-1}$の係数を留数として、次のように表記します。

●留数

$f(z)$の特異点$z=\alpha$における留数：

$$\mathrm{Res}(f(z),\ \alpha)$$

対象の関数　**対象の特異点**

この留数という概念を使うと、コーシーの積分公式を使って、$f(z)$の特異点 α の周りの周回積分の値は、$2\pi i\times\mathrm{Res}(f(z),\ \alpha)$と表わされます。ここでは周回内に α 以外の特異点は含まない場合を想定しています。

この計算はほとんど留数定理そのものです。実際の留数定理は、経路内に複数の特異点を含むことも想定して、次のようになります。

●留数定理

単純閉曲線Cの内部に、関数$f(z)$がn個の特異点$z_1,\ z_2,\ \cdots,\ z_n$を持つ場合、Cに沿った$f(z)$の1周積分は、各特異点における留数の総和と$2\pi i$との積に等しい。

$$\oint_C f(z)dz=2\pi i\sum_{k=1}^{n}\mathrm{Res}(f(z),\ z_k)$$

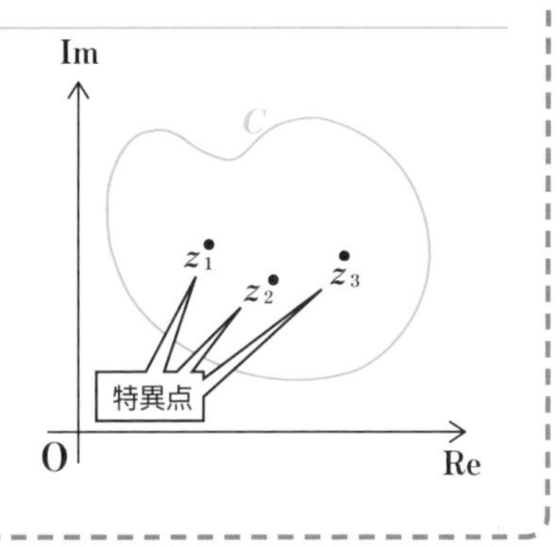

すなわち、積分する周回内に複数の特異点を含む場合の積分値は、$2\pi i$に留数の和をかけたもの、というわけです。

ここまでが本書での複素積分のゴールである留数定理までの道のりです。

最後に留数定理が何の役に立つかという話をします。こんな特異点を含む周回積分の値が求められたところで何の役に立つのか、と不思議に思う人も多いと思います。

実は留数定理は実数関数の積分に役立てられます。次に例を示します。

実数領域による右の積分を求める。$\displaystyle\int_{-\infty}^{\infty}\frac{1}{x^2+1}dx$

複素関数 $f(z)=\dfrac{1}{z^2+1}$ を考えて下の経路Cによる積分を計算する。

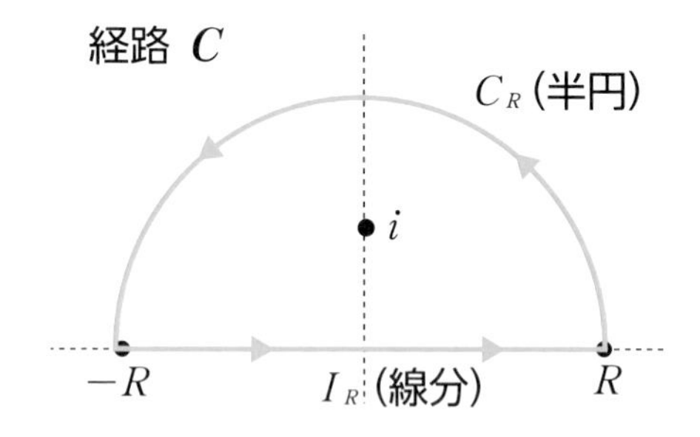

Cは半円C_RとI_Rに分けられるのでこの積分は次のようになる。

$$\int_C f(z)dz=\int_{C_R} f(z)dz+\int_{I_R} f(z)dz$$

ここで　$f(z)=\dfrac{1}{z^2+1}$は次のようにローラン展開できる。

$$f(z)=\frac{1}{z-i}\left\{\frac{1}{2i}-\frac{(z-i)}{(2i)^2}+\frac{(z-i)^2}{(2i)^3}-\frac{(z-i)^3}{(2i)^4}+\cdots\right\}$$

つまり、$(z-i)^{-1}$の係数は$\dfrac{1}{2i}$となる。

だから、$f(z)$の特異点$z=i$における留数は

$\mathrm{Res}\left(\frac{1}{z^2+1},\ i\right)=\frac{1}{2i}$となる。

留数定理を使って経路Cの周回積分は次のように求められる。

$$\int_C f(z)dz = 2\pi i \mathrm{Res}(f(z),\ i)$$
$$= 2\pi i \cdot \frac{1}{2i}$$
$$= \pi$$

ここで円弧に関しての積分$\int_{C_R} f(z)dz$の値について$R \to \infty$とした極限の値の評価をする。

円弧dzによる積分$\int_{C_R} \frac{dz}{z^2+1}$は、$R \to \infty$となる時に、分母の$z_2+1$は$R$の2乗で大きくなる。一方分子の$dz$は円弧なので$\pi R$（$R$の1乗）で大きくなる。

よって$R \to \infty$の極限において$\int_{C_R} \frac{dz}{z^2+1}$は、0に近づく。

$\int_{I_R} f(z)dz$における$R \to \infty$の極限は$\int_{-\infty}^{\infty} \frac{1}{x^2+1}dx$となるので

$\int_{-\infty}^{\infty} \frac{1}{x^2+1}dx = \pi$となる。

実数の積分に複素関数を持ち出すのは違和感があるかもしれません。しかし、これも次元の拡張の一種と考えられるでしょう。つまり、実数、すなわち数直線上で積分しても複雑になってしまうので、複素数を導入して次元を拡張した方がわかりやすくなるのです。

2章で紹介した、1次元の単振動を2次元の等速円運動の射影と見るような構造がここにも表われています。

また、5章で紹介したラプラス変換で、逆ラプラス変換も定義していました。このラプラス変換の式の形を覚えているでしょうか？　ここでは複素数の経路の積分を含んでいます。

$$f(t)=\lim_{p\to\infty}\frac{1}{2\pi i}\int_{c-ip}^{c+ip}F(s)e^{st}\,ds \quad \overset{\text{ラプラス変換}}{\underset{\text{逆ラプラス変換}}{\rightleftarrows}} \quad F(s)=\int_0^{\infty}f(t)e^{-st}\,dt$$

時間の関数　　　　s（複素数）の関数

逆ラプラス変換は極限を含んでいたり、積分範囲が虚数になっていたり、かなり複雑な式となっています。これをブロムウィッチ積分と呼びます。この積分値を計算するためにも、留数定理が必要です。

ですから、留数定理はラプラス変換を使った制御理論の土台を作っているとも言えるでしょう。

索　引

著者紹介

蔵本 貴文（くらもと・たかふみ）

関西学院大学理学部物理学科を卒業後、先端物理の実践と勉強の場を求め、大手半導体企業に就職。現在は微積分や三角関数、複素数などを駆使して、半導体素子の特性を数式で表現するモデリングという業務を専門に行なっている。また、現役エンジニアのライター、エンジニアライターとして、サイエンス・テクノロジーを中心とした書籍の執筆（自著）、ビジネス書や実用書のブックライティング（書籍の執筆協力）などの活動をしている。
著書に、『数学大百科事典 仕事で使う公式・定理・ルール127』（翔泳社）、『高校数学からのギャップを埋める 大学数学入門』（技術評論社）、『「半導体」のことが一冊でまるごとわかる』（共著、ベレ出版）『意味と構造がわかる はじめての微分積分』（ベレ出版）がある。

◉── カバーデザイン　松本 聖典
◉── DTP・本文図版　あおく企画
◉── 校正・校閲　小山 拓輝

役（やく）**に立**（た）**ち、美**（うつく）**しい　はじめての虚数**（きょすう）

2024年 1月 25日　初版発行

著者	**蔵本 貴文**（くらもと たかふみ）
発行者	内田 真介
発行・発売	ベレ出版 〒162-0832　東京都新宿区岩戸町12 レベッカビル TEL.03-5225-4790 FAX.03-5225-4795 ホームページ　https://www.beret.co.jp/
印刷	モリモト印刷株式会社
製本	根本製本株式会社

ISBN 978-4-86064-752-0 C0041　　編集担当　坂東一郎